고기실무전

고기 먹는 방법을 **숙성, 가공, 바비큐**
/
기술로 고기 맛과 가치를 끌어올려
/
실무에 적용, 매출을 높일 수 있는
/
무림 식육게릴라 초 고수 3인이
/
전하는 식육문화 대전환 전략서

여는 글

굽는자 숙성하는자 가공하는자
고기 장인들의
육류 생환 프로젝트

여러분은 고기를 어떻게 드시나요. 단순히 고기만 구워먹는 육류 소비의 단조로움에서 벗어나고 싶지는 않으신가요. 기존 고기 소비문화의 재편을 꿈꾸는 고기덕후들이 소비문화 혁명을 꿈꾸며 한자리에 모였습니다.

씹고 뜯고 마시는 고기와 토크

서울 코엑스에서 개최된 '고기와' 행사는 '협동조합 농장과 식탁', '고기와 커뮤니티'가 주최, 대한한돈협회, 한돈자조금관리위원회 후원으로 씹고 뜯고 마시며 고기와 함께 자유로운 토크를 이어갔습니다. 참석자들은 고기문화의 새로운 혁명을 직접 목격하며 새로운 문화 체험에 감동을 받았습니다.

이날 고기와 관련해 빼놓으면 서러울 선수들이 총 출동했는데요. 건조 숙성육의 달인 서동한우 유인신 대표, 식육가공 명인 홈메마이스터슐레 임성천 교장, 대한아웃도어바비큐협회 차영기 회장이 출전해 고기의 새로운 면모를 과시했습니다.

곰팡이가 핀 고기도 먹어봤다

숙성으로 유명한 서동한우 유인신 대표는 건조숙성육의 명인입니다. 낮은 등급의 고기도 고부가가치 상품으로 탈바꿈시키는 숙성의 마술. 숙성 연구를 위해 곰팡이가 핀 고기도 먹어봤다는 유인신 대표가 이날 마술 보따리를 풀었습니다.

숙성육은 미생물과의 싸움이다

유인신 대표는 행사 참가자에게 직접 숙성 고기를 손질해 구워주기도 했습니다. 숙성 한우를 굽기 시작하면서 풍기는 감칠맛의 향연은 냄새부터 다르다는 평가를 받았습니다. 숙성육은 미생물과의 싸움이라며 숙성고의 노하우를 풀어 큰 관심을 불러일으켰습니다.

새롭게 변신한 시그니처 소시지

국내 최초 식육가공 마이스터, 독일 IFFA 육가공품 품평회 심사위원 자격을 가지고 있는 임성천 홈메마이스터슐레 교장은 시그니처 소시지 만드는 비법을 공개했는데요. 가공육 노하우와 새롭게 변신하는 육가공품에 관객들조차 입을 다물지 못했습니다.

오른쪽부터 서동한우 유인신 대표, 아웃도어바비큐차영기, 임성천 홈메 마이스터 슐레 교장

독일식 족발 공개에 관객 행복

홈메마이스터슐레에서는 맥주와 가장 잘 어울리는 안주 메뉴를 공개했습니다. 슈바이네 학센이라 부르는 독일식 족발을 맛본 관객들은 좀처럼 자리를 뜨지 못했습니다. 고기 명인이 직접 만들어준 맛깔스런 음식에 관객 또한 행복한 모습이었습니다.

"바비큐는 스포츠다"

바비큐 프로모터, 바비큐 퍼포머라 불리는 차영기 대한아웃도어바비큐협회장은 '바비큐는 스포츠'를 주장하고 나섰습니다. 고기와 불과의 전쟁을 선포한 그는 각종 바비큐 대회를 주창, 고기 선수들을 육성하고 각종 바비큐대회 문화를 창조해 나가고 있습니다.

"통으로 굽는다" 삼겹살의 변신

차영기 회장은 이날 수 시간동안 불과 씨름한 결과물을 공개했습니다. 수 kg 달하는 삼겹살을 통째로 구워와 직접 썰어 관객들에게 내놓았습니다. 참가자들은 삼겹살의 또 다른 변신에 혀를 내둘렀습니다. 소비불황으로 헤매는 한돈업계에 새로운 탈출구가 될 수 있을까요.

고기와 협업 수제 맥주 세븐브로이

이날 세븐브로이에서는 맥주를 협찬하였습니다. 고기하면 맥주를 빼놓을 수 없죠. 서울·한강·양평 등 각종 지역명 브랜딩으로 상종가를 치고 있는 세븐브로이. 고급 에일맥주는 고기의 맛을 한층 업그레이드 시켜 참가자들의 입을 황홀하게 만들었습니다.

3만 달러 시대 '고기와'에 접속하세요

소비자들은 이제 더 이상 앉아서 굽는데 만족하지 않습니다. 이날 행사에는 유튜버, 정육점·식당 운영자, 학생, 군인, 농민 등 각계 각층의 고기 덕후들이 큰 관심을 보였습니다. 고기문화에 새로운 혁명 지금 이 순간에도 계속되고 있습니다.

목차

여는 글　　고기 장인들의 육류 생환 프로젝트　/　**4**

1부
고기의 현대사
그리고 미래
　/　
13

1. 고기로 떠나는 여정의 시작　/　**14**
2. 육가공품에 대한 부정적 시각　/　**16**
3. 돼지고기와 닭고기 소비 증가　/　**18**
4. 한우 최고의 식재료로 거듭나다　/　**21**
5. 1차 식육소비혁명　/　**25**
6. 육류외식 업계의 위기　/　**27**
7. 2등급 한우고기를 비싸게 파는 서동한우　/　**31**
8. 2차 식육소비혁명 준비 필요　/　**33**

2부
고기와 시간
그리고 바람
　/　
37

1. 숙성이란　/　**38**
2. 숙성을 하는 이유　/　**40**
3. 서동한우의 건조숙성(서동肉)　/　**42**
4. 왜 드라이에이징(건조숙성)을 하게 되었나　/　**45**
5. 숙성의 기본단계　/　**50**
6. 숙성의 심화단계　/　**67**

7. 건조숙성육의 풍미 / 73

8. 맺음말 / 80

3부
**고기와
'시그니처 소시지'**
/
81

1. 우리나라 식육유통 형태의 3번째 큰 변화 / 82
2. 시그니처 소시지 제조 비법 / 92
3. 실전 소시지 제조 비법 / 113
4. 돼지지육을 활용한 다양한 즉석육가공품 / 122
5. 육가공 교육기관 / 125

4부
고기와 불
/
129

1. 바비큐 역사 / 130
2. 한국의 바비큐 역사 / 136
3. 스포츠 바비큐 역사 현황 / 147
4. 스포츠 바비큐문화 왜 필요한가 / 153
5. 실전 바비큐 / 156

부록
바비큐 기초
/
174

가. 바비큐 / 174
나. 각종 향신료 / 225
다. 바비큐 재료 / 229

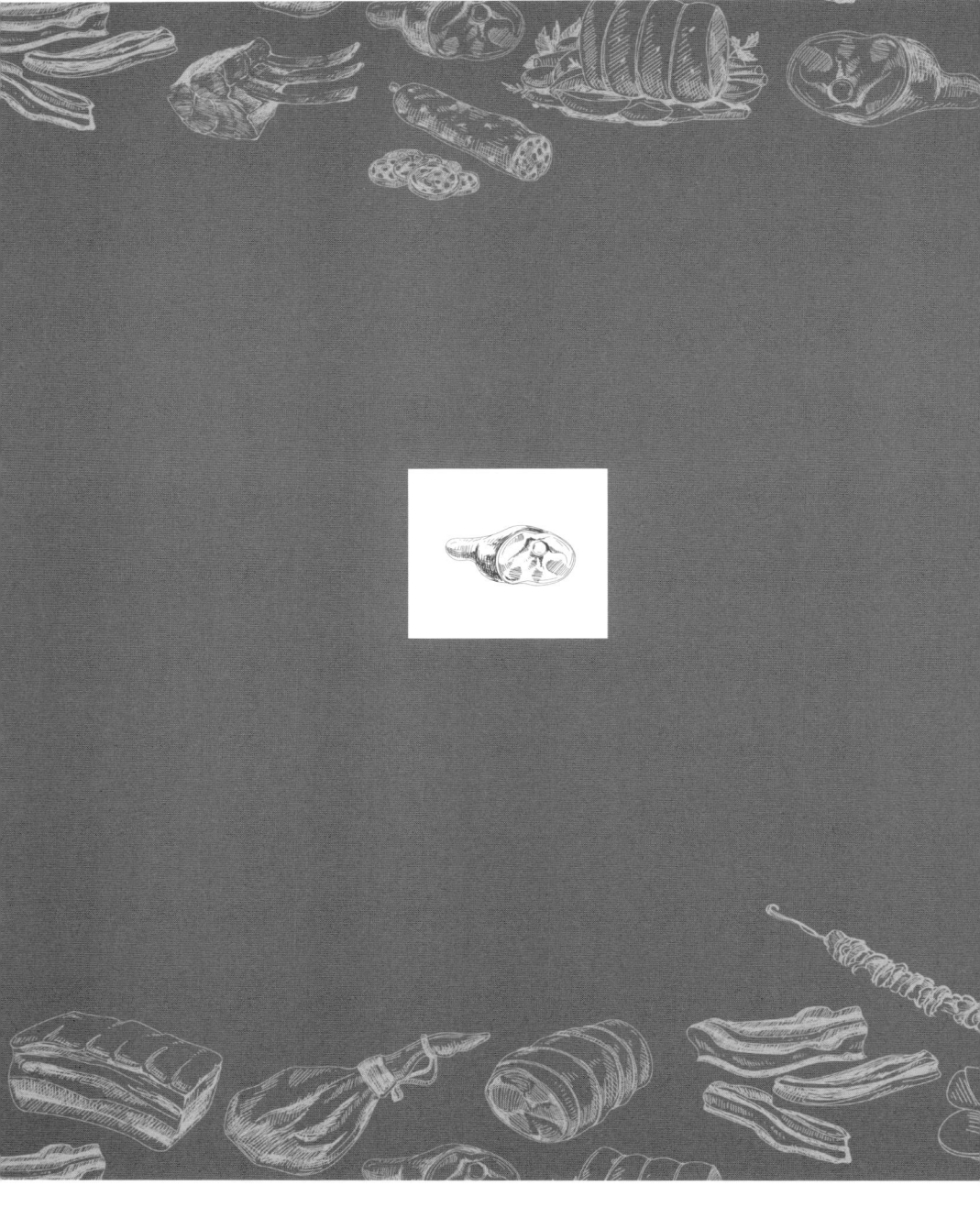

제1부

고기의 현대사 그리고 미래

고기로 떠나는
여정의 시작

1

우리는 언제부터 고기를 본격적으로 먹기 시작했을까?

세계사를 농업이나 식품산업 관점에서 바라볼 때 인류의 역사는 고기를 먹기 위한 투쟁의 역사라 해도 과언이 아니었다.

인류가 생존하기 위해 사냥을 통해 고기를 얻었고, 야생동물을 가축화 해 고기로 이용하였다.

인류가 떠돌이 생활을 마감하고 한 곳에 정착할 당시 지역의 여건에 따라 가축을 키우며 축산식품에서 주된 에너지와 영양을 얻는 육식 문화권이 또 밀이나 쌀과 같은 농작물을 재배하며 이들 곡식으로부터 주된 에너지와 영양을 얻는 농경 문화권으로 나누어지게 된다.

한반도는 4계절이 뚜렷하지만 봄, 여름, 가을철 농사짓게 좋은 적당한 강우와 일조량으로 농경 문화권을 형성하였다.

자연히 쌀 등 곡물에서 주된 에너지를 얻었지만 동시에 사냥과 가축사육을 통해 축산식품도 섭취하였다.

1950년대 들어 한반도는 이념에 따라 분단이 되는데 한반도의 절반 위쪽

고구려 무용총 수렵도. 사냥은 인류가 고기를 얻기 위해 최초의 행위이다.

은 사회주의 국가가 들어 선 이후 쌀밥에 고깃국을 마음 놓고 먹을 수 있게 하겠다는 수령의 구호에 따라 경제발전을 위한 몸부림을 지금까지 지속하고 있고, 한반도의 절반 아래쪽도 북한과의 경쟁에서 밀리지 않기 위해 1960년대 후반부터 강력한 축산진흥정책을 펼치는 등 고기를 안정적으로 공급하기 위한 노력이 진행된다.

경제발전과 축산업의 발전, 축산식품의 수입자유화 등의 영향으로 고기는 공급도 소비도 빠르게 늘어났으며, 농경 문화권에서 어느덧 육식 문화권 못지않은 육류 소비량을 기록하고 있다.

우리의 고기 소비는 수백 년에 걸쳐 정착된 유럽 등 육식 문화권과 달리 단시간에 성장하다 보니 가축의 사양, 질병관리, 환경, 유통, 소비방법까지 여기저기서 부작용이 나타났다.

이번 공동 작업을 통해 우리 고기 소비 방법이 현대에 와서 왜 단조롭게 변하였는지 살펴보고 우리 축산업계와 고기 관련 유통 및 외식업계에 더 나은 고기 소비 대안을 제시하고자 한다.

육가공품에 대한
부정적 시각

2

육가공품은 고기의 풍미를 높이는 역할도 하지만 가장 주된 역할은 고기를 오랫동안 보관하기 위함이었다. 냉동, 냉장 기술이 없던 시기 저장성을 갖게 하는 육가공 기술이 없었다면 인류는 고기를 위해 매일 같이 도축을 해야 하는 불편함이 있었을 것이다.

다행스럽게도 신선육을 햄이나 소시지로 제조를 하면 어떤 품목은 몇 개월씩 보관이 가능해져 언제든지 축산식품을 소비할 수 있게 됐다.

초기 고기를 오랫동안 보관하기 위한 방편으로 시작된 육가공품의 역사는 아시아와의 교역을 통해 후추와 같은 각종 향신료가 도입되면서 고기의 풍미를 증가시키는 기술이 접목이 됐고 유럽에서 고기를 소비하는 주된 방법으로 자리 잡게 된다.

냉동과 냉장기술의 보급으로 이제 신선육을 오랫동안 보관하며 먹을 수 있게 되었고, 육가공품이 건강에 좋지 못하다는 영양학계의 끈질긴 공격에도 불구하고 유럽은 햄과 소시지가 고기를 소비하는 주된 방법으로 여전히 자리 잡고 있다.

육가공품 소비를 제약하는 여러 변수가 등장했음에도 불구하고 우리 한국 사람들이 김치와 된장을 소비하듯 독일 등 유럽의 여러 나라 사람들은 육가공품을 소비하고 있는 것이다.
우리의 육류 저장 기술은 육포다. 여름철 고온 다습한 기후 탓에 쉽게 부패하기 때문에 유

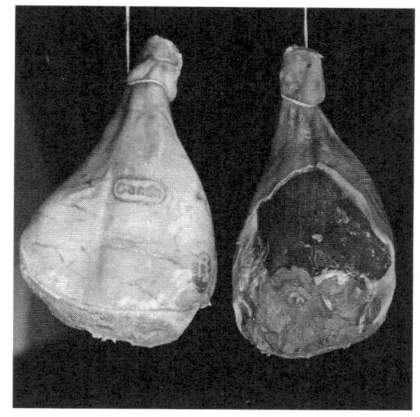

육가공품은 고기의 저장성을 높이기 위한 기술이었으나 동양의 향신료와 만나 풍미도 증가시키는 역할을 했다. 돼지 뒷다리 생햄은 유럽의 대표적 돼지고기 저장기술이며 가공기술이다.

럽과 같은 육가공품은 발전하지 못했지만 나름의 환경에 적응하기 위한 방편으로 육포가 활용되었다.

그리고 1970년대 후반 롯데와 삼성과 같은 대기업이 진출해 육가공(햄, 소시지)산업과 시장을 창출해 냈으나 품질보다는 원가 절감에 치우치면서 육가공품이 건강에 좋지 못하다는 오명을 쓰게 됐고 아직도 그 같은 프레임에서 벗어나지 못하면서 육가공품 시장이 성장하지 못하는 원인이 되고 있다.

육가공품에 대한 부정적 시각은 육가공품을 쉽게 판매하고자 했던 업계의 잘못된 판단이 가장 큰 이유이지만, 육가공품이 우리 식문화에 정착되지 못함 때문이기도 하다. 우리가 육가공품을 접하기 시작한 1980년 대 초 이후 30년이 넘는 시간이 흐른 만큼 이제 우리 식문화에 어울리는 한국형 육가공품의 정착이 어느 때보다 필요한 시기다.

돼지고기와
닭고기 소비 증가

3

돼지고기와 닭고기는 국내 육류 산업의 양대 축이라 할 만큼 생산과 소비에 있어서 다른 육류보다 앞서 있다.

특히 돼지고기는 세계에서도 손꼽힐 정도로 국내 식육산업에서 차지하는 비중이 크다.

1970년대 함께 산업화의 길을 걸었지만 소비량에 있어서 돼지고기가 닭고기를 크게 앞서 나갈 수 있었던 것은 우리 밥상에 더 친화적인 조리법이 많았던 반면 닭고기는 상대적으로 밥상 위에서 친화적인 조리법을 만들어 내지 못한데 있다.

여러 가지 돼지고기, 닭고기 음식이 있지만 두 품목이 산업화되기 이전 가장 기본이 되는 조리방법은 수육과 백숙이었다.

수육과 백숙이 주된 소비방법이 될 수밖에 없었던 이유는 산업화 이전 식재료로써 가지고 있는 치명적 약점 때문이었다.

닭고기는 전문 육계가 보급되기 이전에는 산란용 닭을 도축해 닭고기로 사용했는데 장기간 사육에 따라 그 육질이 단단해 닭을 오랫동안 삶아 최대한 부드럽게 해서 먹어야만 했다.

장시간 닭을 익히다 보니 지방 함량이 적은 닭가슴살은 너무 식감이 퍽퍽해 한국인들이 가장 싫어하는 부위가 될 수밖에 없었다.

돼지고기는 수퇘지의 비거세, 남은 음식물을 사료로 이용하였기 때문에 특유의 역한 냄새 때문에 조리에 주의가 필요했는데 어떤 돼지고기 음식이든 생강, 마늘, 파, 고추, 청주와 같은 향신료가 활용되었고 여러 조리법 중 이들 향신료와 함께 삶아 내어 수육으로 즐기는 게 매우 일반적인 조리 방법이었다.

이러한 약점은 닭고기나 돼지고기가 쇠고기 보다 덜 선호되는 원인이 되었으나 전용 육계가 도입되어 사육되고, 1980년대 이후 돼지는 규격돈에 대한 수요가 높아져 수퇘지의 거세 시술과 배합사료 급여가 일반화되면서 닭고기와 돼지고기 소비가 급격히 증가하게 된다.

삼겹살은 1990년대 이후 돼지고기를 소비하는 가장 표준적인 방법이 되었다.

닭고기는 후라이드 치킨과 양념치킨을 판매하는 치킨외식산업이 급격히 발전하면서 닭고기 소비를 견인하기 시작했고, 돼지고기는 마늘, 생강과 같은 향신료를 사용하지 않고도 돼지고기를 소비할 수 있는 삼겹살 구이가 유행하면서 돼지고기 소비를 견인하게 된다.

다만 치킨은 주식 개념보다는 외식과 배달을 기반으로 하는 간식이나 술안주로 정착된 반면, 삼겹살은 가정식과 외식 모두 인기를 끌면서 닭고기 소비 증가율보다 돼지고기 소비 증가율이 더 큰 이유가 된다.

닭고기 소비 증가는 양계도축업이 1990년대 후반 안착한 것도 원인 중 하나로 산닭을 시장 등지에서 즉석에서 도축해 판매하다가 외식업 발달로 도계장에서 도축된 닭이 필요해 졌고, 이후 1990년대 말 대형마트 출점 경쟁이 펼쳐지면서 시장 등지에서 비위생적으로 진행되던 닭의 도축이 자취를 감추고 위생처리된 도계육이 가정으로 공급되기 시작했다.

이러한 유통구조의 변화와 위생수준 향상은 닭고기의 가정식 소비를 획기적으로 늘려놓기는 했지만 간편하게 소비할 수 있는 조리 방법이 마련되지 못하면서 돼지고기 소비량 증가를 따라 잡을 수 없었다.

한우 최고의 식재료로
거듭나다

4

소는 돼지와 닭과 달리 여러 가지 용도로 활용된 가축이다. 축력을 활용해 밭 등을 가는 경운작업을 기본으로 우마차를 연결해 무거운 짐을 나르기도 했다.

소의 뿔은 화살을 만드는 군수용 원자재가 되었고, 가죽은 의복과 장신구, 각종 공예품을 만드는 데 사용했다.

워낙 농작업에 필수적이다 보니 한마을에 소가 있고없고에 따라 한 해 농사의 소출이 결정될 정도로 중요한 위치를 차지하였으나 소가 우경에 활용된 삼국시대 이후 모든 농민이 소를 보유하지 못했고 한마을에 1~2마리, 열 집에 1마리 정도가 있을 뿐이었다.

이로 인해 소의 도축은 엄격히 금지되었고 사사로이 고기를 얻을 요량으로 소를 도축하다가 적발될 경우 변방으로 온 가족이 쫓겨나고, 관직을 맡고 있는 자는 파직을 당하는 등 그 죄를 엄하게 물을 정도였다.

소가 고기로 이용되는 때는 더 이상 농우로써 가치를 잃었을 때였다.

이 같은 역사는 1960년대까지 지속되었고, 농우 확보를 위해 쇠고기 소비를 억제하는 정책을 정부가 펼치도록 하였다. 1960년대 산업화가 시작되면서 쇠고기에 대한 수요가 급격히 증가하게 된다.

여기서 중요한 것은 유독 쇠고기에 대한 수요가 다른 육류에 비해 높게 유지됐느냐에 있다.

첫 번째 이유는 정부의 육류가격 통제에 있다. 정부는 지금으로는 상상하기 힘든 쇠고기 등 육류소매가격을 책정했다. 유통업계가 가격을 정해 고시하는 형태를 보였지만 고시할 때 정부의 인가를 받아야 했기 때문에 사실상 정부가 쇠고기, 돼지고기 가격을 결정했다.

당연히 국민 부담을 덜어주기 위해 가격을 낮게 유지하려 했고 수요가 증가하자 품절 현상이 나타났다. 보통 시장경제를 준용하는 나라에서는 수요가 증가하면 시장 가격이 상승하여 수요를 제어하기 마련인데 육류가격을 정부가 고시하면서 기본적인 수요와 공급의 법칙이 작동하지 않는 시장이 된 것이다. 여기에 쇠고기 소매가격이 다른 육류와 비교해 비싸지 않았다.

두 번째 원인은 쇠고기가 한식에서 차지하는 포지션 때문이다.

1980년대까지만 하더라도 쇠고기는 구이용보다는 탕이나 국의 육수 재료로 많이 활용되었다. 태생이 농우이다 보니 한우고기는 질겨서 구이용으로 활용은 매우 제한적이다.

그 때문에 지금처럼 쇠고기를 구이용으로 활용하기보다는 육수를 내는 용도로 주로 활용이 되었다. 쇠고기 뭇국, 쇠고기 미역국, 육개장, 곰탕 모두 쇠고기 육수로 맛을 낸 음식들이다.

1960년대 후반 쇠고기 값이 폭등하면서 멸치 값이 덩달아 폭등하는 사태가 일어나는데 이는 쇠고기 육수 대신 멸치로 육수를 내어 음식을 하려는 수요가 늘어났기 때문이다.

질긴 한우고기를 구이용으로 활용하기 위해서는 연육 작업이 필요했고 쇠고기 부위 중 운동량이 적은 갈비와 등심, 안심을 구이용으로 활용했다. 그도 여의치 않아 한우고기를 곱게 다져 성형한 떡갈비, 고기를 종잇장처럼 얇게 저며 양념해 먹는 불고기가 대세를 이루게 되었다.

이렇게 구이용으로 활용되기 어려웠던 한우고기가 한식 화로구이, 스테이크용으로 각광받게 된 데는 두 가지 요인이 작용한다. 먼저 1970년대 중반부터 경운기와 트랙터가 보급되면서 더 이상 한우가 농작업에 투입될 필요가 없어진 것이다.

또 하나는 1980년대 후반부터 쇠고기 시장 개방 압력을 강하게 받아오다가 1990년부터 쇠고기 시장이 부분적으로 개방되기 시작해 2001년 완전 시장개방이 이뤄지게 되는데, 시장개방을 앞두고 쇠고기 등급제 도입과 고급육 생산을 한우산업의 경쟁력 강화를 위한 정책으로 채택한 것이다. 한우가 더 이상 농작업에 투입되지 않으면서 한우의 도축 시기는 크게 앞당겨졌고, 연도가 크게 개선되는 원인이 된다.

고급육 생산 장려는 연도와 함께 풍미까지 상승시켜 쇠고기를 탕이나 국과 같은 음식뿐만 아니라 구이용으로도 이용하게 했고, 소의 중량을 높이기 위해 황소를 거세하지 않거나 소에게 물을 억지로 먹이는 등의 행위가 자연스럽게 사라지게 했다.

한우고급육이란 현재 소도체등급제도에서 1등급 이상의 등급을 획득한 쇠고기를 이야기 한다.

소의 육질등급은 근내지방도, 육색, 성숙도, 지방색, 조직감 등 여러 변수를 종합적으로 측정하지만 풍미와 연관이 깊은 근내지방도(마블링스코어)가 등급 결정에 가장 큰 변수로 작용한다.

문제는 이러한 고급육생산은 필연적으로 생산성을 낮추는 요인이 되는데, 사육기간이 길어지고 그에 따라 사료비가 추가로 발생하고, 불가식 지방이 많이 나오는 등의 문제가 발생한다.

고급육시장이 아직 정착하지 못했던 1990년대 그리고 2000년대 중반까지 정부는 고급육 생산에서 농가들이 이탈하는 것을 막기 위해 황소를 거세하고 고급육을 생산한 농가에 보조금을 지급했고 이후 고급육에 소비자들이 더 높은 금액을 지불하기 시작하면서 거세 장려금과 고급육 생산 장려금 지급을 중단하게 된다.

이후 한우고기에 대한 수요는 계속 증가했고 고급 식재료의 대명사로 그 위치를 점하게 된다.

1차 식육소비혁명

5

한우고기, 돼지고기, 닭고기의 소비 방법의 대전환은 매우 빠르게 일어났다. 돼지고기는 1980년대 후반 대세가 기울었고, 닭고기도 1990년대 지금의 소비 방법으로 전환이 이뤄졌다. 쇠고기는 2000년대 들어 직화구이로 시장이 완전히 정착되게 된다.

이 같은 소비방법의 대변화를 최근 유행하는 말인 4차 산업 혁명에 빗대어 '1차 식육소비혁명'이라 명명해 보았다. 이 1차 식육소비혁명은 농장혁명에 기반을 두게 된다.

1차 식육소비혁명은 선진 축산기술이 농장에 접목되면서 일어났고 이에 따라 한우고기와 돼지고기를 판매하는 외식업계의 풍경도 변하게 되었다.

외식업계 프리미엄 메뉴였던 양념돼지갈비, 양념소갈비의 시대가 저물고 삼겹살과 한우등심이 대세로 자리 잡았으며 이에 따라 각 식당 주방의 역할이 감소하기 시작했다.

가정에서도 국이나 탕, 찌개나 불고기, 제육볶음, 갈비찜 등 어느 정도 주부의 실력이 발휘되어야만 맛을 내는 음식이 주로 소비되다가 돼지고기는 삼겹살로 1990년대 완전히 전환이 이뤄졌고 한우의 경우 2010년대 들어 등심, 채끝, 안심과 같은 부위를 활용한 구이 소비가 다른 소비 방법을 앞도하기 시작했다.

이 같은 소비 방법의 변화는 축산물 소비를 급격히 증가시키는 주된 원인이 되고 있다.

특별한 조리 기술 없이도 식당을 창업해 돈을 벌수 있게 되었고, 가정에서도 복잡한 조리 과정 없이도 맛난 고기를 소비할 수 있게 되었다.

육류외식 업계의 위기

6

2000년 이후 우리 육류 소비문화는 소와 돼지 모두 생고기 문화로 전환된다.

양념하지 않은 쇠고기 등심, 돼지 삼겹살을 프라이팬에 구워 먹다가 이제 얼리지 않은 생고기를 숯불 등에 구워 먹는 직화구이가 대세로 자리 잡게 됐다.

음식문화나 음식산업을 연구하는 이들은 1980년대 초 '부루스타'로 불렸던 휴대용 가스버너의 등장이 삼겹살 문화, 직화구이 문화를 촉진시켰다고 한다. 사실 이 부르스타는 고기 먹는 방법뿐만 아니라 각종 찌개나 전골 등 다양한 요리에 접목되어 주방이 아닌 식탁위에서 다양한 음식들이 조리될 수 있게 하였다.

이후 20년 가까이 한우는 등심과 채끝, 안심 등을 숯불에 구워 먹는 것이 가장 표준적인 소비 방법이 되었고, 돼지고기도 얼리지 않은 삼겹살과 목살은 구워 먹는 것이 표준적 소비 방법으로 자리 잡게 된다.

한식 생고기 문화의 특징은 레스토랑들이 고기를 구워 먹을 수 있는 시

불과 고기를 제공하면 손님이 알아서 구워 먹고 값을 치르는 방식의 고깃집은 낮은 진입장벽으로 경쟁이 치열해 지는 원인이 되고 있다.

스템과 질 좋은 냉장육을 제공하면 소비자들이 알아서 구워 먹고 값을 치르는 방식이다.

비교적 저렴한 삼겹살도 고가의 한우고기도 이 같은 방식으로 자리 잡았다.

생고기 직화구이 시장은 별다른 조리기술 없이도 누구나 창업이 가능했고 시장 진입이 어렵지 않으면서 경쟁이 치열해지는 원인이 되었다. 한국외식업중앙회 한국외식산업연구원이 2016년 통계청 자료를 분석해 발표한 보고서에 따르면 전체 산업평균 폐업률이 13.2%인 반면, 외식산업은 2배가량 높은 23.8%였다.

이러한 살얼음판 같은 시장에서 자연스럽게 차별화 노력이 필요해졌는데, 더 편리하게 고기를 구워 먹을 수 있는 시스템이 필요해졌고 고기를 엄청나게 싸게 공급받거나 품질을 높여 가격을 더 받을 수 있는 고급화 전략을 구사하는 곳도 있었다.

한우는 이른바 정육식당이라 하여 고기의 품질은 유지하면서 종업원들이 제공하는 서비스 수준을 낮춘 방식이 대세가 되었고, 삼겹살은 저가 삼겹살 식당과 브랜드 육을 취급하는 고급 삼겹살집으로 분화하게 된다.

여기서 문제는 경쟁이 치열해지면서 수익성은 악화된다는 점이다. 식당에서 판매하는 메뉴의 가치를 높이기 위한 활동이 거의 없다 보니 고기가 생산되고 유통, 소비되는 과정에서 유통업자와 외식업자의 몫이 너무 줄어드는 원인이 되고 있다.

육류 외식업계와 도매 유통업계는 현재 한우와 돼지 모두 농가들이 너무 많은 몫을 챙긴다고 아우성이지만 실제 따지고 보면 고기의 맛, 즉 가치를 높이는 데 있어서 농장의 역할이 절대적이다 보니 외식업계가 이익 배분에 있어서 불이익을 당할 수밖에 없는 상황이다.

메인 메뉴의 부가가치를 높이거나 맛을 증진시키는 데 있어 식당이나 육가공업자, 정육점의 역할이 제한적이고 대신 농장의 역할이 크다 보니 육류 유통경로 상에서 외식업계나 유통업계에 주어지는 몫은 작고 상대적으로 농가의 몫은 커지면서 외식업계와 유통업계의 경영압박을 가중시키고 있다.

특히 최근 국민소득 3만 달러 돌파 등으로 육류 소비 트렌드가 변화하면서 예전과 같이 단순히 '불'과 '고기'를 손님에게 제공하는 방식으로는 고객을 만족시키기가 어려워지고 있다.

식당에서 고기의 가치를 높이는 활동을 안이 하게 할 경우 치열한 경쟁에 내몰려 수익이 악화되는 일이 벌어지게 되며, 이를 극복하고자 좋은 원료육, 좋은 상권에 대한 투자를 늘리는 경우가 많은데 이로 인해 결국 바쁘기만 하고 손에 쥐는 건 없는 상황을 맞이하기도 한다.

장사가 안 되는 곳은 손님이 없어서, 장사가 잘되는 곳은 수익률이 낮아서 식당들이 자본을 축적하기가 어렵다는 이야기가 많고 권리금 장사를 생각하는 이들도 상당수 있다.

2등급 한우고기를
비싸게 파는 서동한우

7

국내 식육시장에 건조숙성 한우고기라는 새로운 카테고리를 만들어 낸 서동한우 유인신 대표는 일부에서 서동한우가 2등급 한우고기를 싸게 구매해서는 비싸게 팔아 폭리를 취하고 있다는 평이 부쩍 많다는 고민을 털어 놓았다.

실제 그 같은 이야기는 서동한우가 여러 미디어를 통해 유명세를 타면서 더 확산되고 있는데, 1등급 이상 한우를 생산해 비교적 저렴하게 고기를 팔고 있는 농가들이 주축이 된 한우브랜드 전문점 쪽에서 많이 제기되는 이야기이다.

이렇게 비싼 1⁺⁺등급의 한우고기를 이렇게 합리적 가격에 공급하고 있는데, 서동한우는 2등급의 싼 한우고기를 숙성을 시켰다는 이유로 1⁺⁺등급 쇠고기보다 비싸게 파는 건 유통업자, 외식업자의 폭리라는 논리다.

서동한우가 인기를 끌면서 최근 몇 년 동안 낮은 수준의 숙성육 전문점들이 우후죽순 들어서면서 숙성육의 가치를 떨어뜨리는 현상도 서동한우가 비싸다는 공격의 대상이 된 이유다.

냉장고에서 며칠 더 보관한 것을 숙성했다고 하는 식으로 접근하다 보니 숙성육이나 일반 냉장육이나 맛을 차이를 발견하기 어려운 경우도 있고 낮은 숙성기술이나 설비로 인해 이취가 발생하는 경우도 많아 오히려 숙성육 시장이 혼탁해 지고 있는 점도 원인이 될 것이다.

하지만 한우농가들이 운영하는 한우전문점의 경우를 생각해 보면 한우 고기 맛과 가치를 높이는데 있어 한우농가들이 절대적 역할을 했다. 식당에서는 고객에게 숯불과 공간만 제공했을 뿐 고기 맛을 높이는 노력은 없다 봐도 무관하다. 당연히 농가들이 가져가는 몫은 크지만 식당에서 가져갈 수 있는 몫은 상대적으로 작다. 반대로 서동한우의 경우 2등급의 상대적으로 맛이 떨어지는 한우고기를 자체 숙성공장에서 짧게는 50일 길게는 100일 이상 장기간 숙성하면서 고기의 가치, 고기의 맛을 높이는 작업을 했기 때문에 당연히 서동한우가 가져가는 몫이 커질 수 있는 것이다.

이 간단한 원리를 기억한다면 식육외식업계가 치열한 경쟁의 틈바구니에서 벗어날 수 있는 방법은 어떻게 자신에게 주어진 식재료인 고기의 가치를 높일 것이냐로 모아지게 된다.

2차 식육소비혁명
준비 필요

8

이제 이 경쟁의 틈바구니에서 벗어나야만 우리 외식업계가 성장하고 식육산업 전체가 건전한 발전을 할 수 있다.

2차 식육소비혁명을 준비해야할 때가 됐다는 것이다.

1차 식육소비혁명이 농장 혁명이었다면 2차 혁명은 레스토랑 혁명이 되어야 한다.

분위기는 감지되고 있다. 과거 가정의 조리도구는 가스나 전기그릴뿐이었으나 최근에는 에어프라이와 오븐이 보급되면서 새로운 음식, 새로운 조리방법에 대한 열망이 어느 때보다 커지고 있음을 쉽게 발견할 수 있다.

선진국의 레스토랑 혁명은 어떤 방식으로 진행되었을까 살펴보니, 직화구이 대신 다양한 기술이 접목된 바비큐와 스테이크가 대세가 되어 있고, 냉동육·냉장육을 넘어 숙성육이 새로운 카테고리로 정착해 있다. 또한 생고기의 소비 대신 다양한 즉석육가공품이 그 자리를 대신하고 있다.

국민소득 2만 불 시대 한우고기 소비는 '비싼 한우고기를 어떻게 하면 싸게 먹을 수 있을까'에 있었다. 국민소득 3만 불 시대 한우고기 소비는 '어떻게 하면 한우고기를 더 재미있고 멋지게 먹을 것인가'로 모아져야 한다.

이 같은 고민은 돼지고기, 닭고기 등 다른 품목도 마찬가지며 이러한 고민의 결과가 '2차 식육소비혁명' '레스토랑 혁명'이라는 결과로 나타날 것이다.

식육산업 희망 프로젝트 '고기와 포럼'은 2차 식육소비혁명, 레스토랑 혁명을 준비하는 커뮤니티다.

우리 식육산업이 처한 이러한 문제를 빨리 벗어날 수 있도록 돕고자 각 분야에서 오랜 시간 실력을 쌓아온 고기 관련 명인들이 의기투합해 결성됐다.

명인들이 가지고 있는 기술을 공유해 단조로운 우리 육류 소비 방법을 보다 풍성하게 하고, 육류 외식업계가 치열한 생존의 틈바구니에서 벗어날 수 있도록 방향을 제시하기로 마음을 먹었다.

고기와 포럼에는 한국형 건조 숙성기술을 확립한 서동한우 유인신 대표, 국내 1호 독일식 육가공 장인인 임경천 마이스터, 오랫동안 바비큐 기술을 연마하고 단순히 고기를 소비하는 것을 넘어 문화로 만들어 보자 노력하는 대한아웃도어바비큐협회 차영기 회장, 고기를 마케팅하고 디자인하는 문화기획자 정천수 대표, 고기의 역사를 연구하고 책으로 펴내고 있는 농장과 식탁의 김재민 편집장이 발기인으로 나섰다.

각 분야별 장인들은 1980년대 이후 고착화된 고기 소비 방법을 바꿔 보겠다고 나섰지만 계란으로 바위 깨기 같은 커다란 벽을 마주해야 했다. 실패도 경험하고 새로운 도전에 돈도 많이 까먹었다.

이들의 도전을 게릴라전이라 정의해 봤다. 이들이 2차 식육 소비 혁명을 준비하였다기보다는 지금까지 새로운 기술을 선보이고 시장을 만들어 보기 위해 외로운 싸움을 해왔다고 볼 수 있다.

각 개인이 소비문화를 바꾸기 위한 전면전을 치르기에는 기존의 장벽이 너무나 컸다. 아니 1차 혁명이 벌어지고 있는 상황에서 너무 빨리 2차 혁명을 이야기 하면서 함께할 우군을 확보하지 못했을 수도 있다. 그래서 소규모 게릴라전을 통해 각자가 가지고 있는 자원과 아이디어를 현장에서 적용해왔다.

게릴라전이 성공을 거둘지 아니면 제풀에 지쳐 중단할지 알 수 없지만 다행스러운 것은 1차 식육 소비 혁명이 마무리 되었고, 오랫동안 게릴라전을 해온 이들이 연대했다는데 있다. 혼자 이만큼 왔다면 이제 함께 좀 더 먼 길을 걸어볼 계획이다.

고기와 포럼은 강연과 교육, 출판, 컨설팅 등을 통해 가지고 있는 노하우를 조금씩 전파해 나갈 계획이다. 고기를 주제로 하는 축제 그리고 고기와 관련된 의미 있는 정책개발 등을 통해 우리 식육산업의 발전에 기여하고자 한다.

'고기실무전'은 2019년 9월 30일 개최된 제1회 고기와 포럼 주요 발표 내용을 책으로 엮어냈으며 당시 발표 내용을 보완해 실전에서 사용할 수 있도록 몇 가지 실무 레시피를 공개했다.

뒤에 나오는 소시지 제조법, 숙성의 기술, 문화로서의 바비큐와 돼지고기와 한우고기를 활용한 바비큐 조리법을 주의 깊게 살핀다면 고기의 맛을 높이는 작업의 길잡이가 될 수 있을 것이다.

책을 통해 충분히 이해하지 못한 부분은 고기와 포럼이 주최하는 행사에 참여해 각 장인들과 교류를 통해 해소할 수 있을 것이다. 또한 각 분야별 전문 서적(숙성, 육가공, 바비큐)을 내년 중으로 출간해 좀 더 깊이 있는 콘텐츠를 제공할 계획이다.

제2부

고기와 시간 그리고 바람
Dry Aging

숙성熟成이란

1

자연이 인류에게 준 선물

숙성은 인류가 언제든 안정적으로 식품을 공급 받기 위해 자연이 선물해 준 시간의 기술이다.

자연과 시간이 결합하여 우리에게 새로운 맛을 선사하는 숙성은 된장, 치즈, 요거트, 미소, 낫또, 하몽, 살라미 등 다양한 숙성 음식들이 생겨나게 했다.

고기숙성이란 인류가 고기를 보관하는 방법에서 출발한다.

이러한 보관 방법에서 시작된 것이 숙성이라 할 수 있다. 사람의 몸을 구성하는 가장 기본적이고 필수적인 단백질을 비롯하여 다양한 영양소를 공급해 주는 육류는 도축 후 근육이 사후경직 되어 지는데 강직된 육(肉)은 시간이 흐름에 따라 특정 조건에서 엑틴(근육의 주요 구조단백질)과 미오신(근 단백질의 주요 구성성분)의 활동으로 점차 장력이 풀려 부드러워지고 고기가 유연해지며 풍미가 좋아지는데 이 과정이 숙성이라고 말할 수 있다.

이 고기(식품)속에 들어 있는 단백질 분해효소에 의해 시간의 경과에 따라 칼페인(calpain)과 카텝신(cathepsin : 단백질을 분해하는 동물의 근육세포 리소좀에 존재하는 단백질 분해효소군)등의 화학적, 물리적 변화로 알맞게 분해되어 특유의 풍미(맛)를 생성하는 현상을 뜻한다.

그러므로 국가, 도시, 사람마다 그 방법이 천차만별이고 다양한 숙성 방법으로 발전 되어 왔다. 일반적 대 분류로 건조숙성 / 습식숙성으로 나뉘는데 산업화 이전 방식이 건조숙성이며 냉장시설 및 진공포장법이 보급 된 이후 개발된 방식이 습식숙성이라 말할 수 있다. (그밖에 다양한 고기숙성 방법이 있다. : 침지숙성, 빙온숙성, 진공숙성, 고주파숙성, 교차숙성 등)

육류 숙성 방법 변천

산업화 이전	산업화 이후
건조숙성 (Dry aging)	습식숙성 (Wet aging)

숙성을 하는 이유

2

숙성을 하는 이유는 고기를 맛있게 먹기 위함이다.

고기의 '맛'이란 다양한 표현으로 도출되는데 고기 자체 성분에 따라 지방 맛, 단백질 맛에 대한 선호 등 편차가 있고 원육의 신선도, 보관시간 등에 따라 각 개인별로 상이하기에 딱히 정답은 없다고 볼 수 있다.

사후 경직 후 일정기간이 지나면 자연적 고기자체 효소에 의한 단백질의 분해과정으로 인해 약3일~10일 이내만 적정 냉장 온도에 보관 하는 것만으로도 찰지고 맛있는 고기를 만날 수 있다.

다만, 숙성을 하는 이유는 고기의 생물학적 미생물의 관여와 결합으로 인해 단순히 고기를 말리는 과정이 아닌 단백질 등의 자기소화 분해 효소가 결합조직을 분해하여 부드러움과 향을 발산하게 되는데 이 독특한 '맛'의 매력이 신선육에서 느껴지는 맛과는 또 다른 영역의 맛으로 구분 되어 지기 때문이다. 숙성을 거치고 나면 단백질이나 지방 핵산성분들이 분해가 되면서 IMP(이노신산), 글루탐산 같은 성분들이 분해 부산물로 나오고 이 성분들이 서로 상호 작용을 통해 감칠맛을 생성, 더욱 다양한 맛으로 풍미를 느끼게 하여 수많은 마니아들이 나타나게 되었다.

또한, 단순 영양소 섭취의 시대에서 식품의 다양한 트렌드가 형성되는 시대가 도래하여 웰빙, 수제, 발효(숙성), 로컬 등 미래 푸드 트렌드가 대세가 되고 사람들의 관심이 증폭되면서 표준화된 인스턴트식에서 탈피하여 건강하게 맛있는 숙성이란 시간을 만나 이로운 육류 음식이 되는 자연이 준 선물에 대한 소비욕구가 증폭되기 시작했다.

본 포럼에서는 숙성의 이해에 대해 반드시 필요한 부분을 제외하곤 이론적 과학 원리나 설명은 가급적 지양하고자 한다.

관심을 갖고 보면 각종 문헌(논문, 서적 등)이나 인터넷 등을 통해 손쉽게 찾아 볼 수 있거니와 학문적 관점이 아닌 실무에서 느끼는 답답함과 현실성을 고려한 실리(실체)적 갈증 해소가 되기를 희망하는 마음이기 때문이다.

나는 오랜 시간 동안 숙성과 함께 해 왔다.

그 누구도 알려주지 않았던 미지의 길을 걸어오며 수많은 우여곡절을 겪기도 하였다. 훗날 우연한 기회에 참석한 모 세미나에서 연사가 말하는 드라이에이징(Dry-aging)이라는 숙성법이 서동한우가 하고 있는 방법과 유사하단 사실을 알고 그때야 비로소 처음으로 Dry-aging 이란 단어를 알게 된 것도 참 우습던 일이었다.

나름 많은 전문가들과 미디어로부터 인정받고 있는 나의 숙성 경험과 지식을 이제 하나씩 풀어 놓으려 한다.

서동한우의 건조숙성 서동肉

3

서동한우는 다음의 주제로 여러분과 공유하겠다.

이번 포럼은 서동한우 건조숙성법의 이해와 포괄적인 방법에 대해 말하고자 한다. 추후 심화 단계를 통해 온도, 습도, 바람 등의 알고리즘과 설비(숙성시설)의 배치와 중요성 및 이용법에 대한 심도 있는 이야기를 하겠다.

1단계 과정 중 관리(유지)의 중요성에 서동한우의 숙성특허를 포함한 몇 가지 실질(실무)적 관리방법에 대해서도 알려 드리도록 하겠다.

1단계   가 - 서동한우의 건조숙성(서동肉)의 이해
나 - 원육의 중요성
다 - 건조숙성 시설(설비)의 중요성
라 - 건조숙성 관리(유지)의 중요성
마 - 건조숙성 풍미(맛)의 중요성

| 2단계 | 가 - 서동한우 건조숙성법의 온도, 습도, 바람 등의 알고리즘
| | 나 - 서동한우 건조숙성고 설비(중요성)의 배치 및 이용법
| 3단계 | 가 - 서동한우 투어 클래스 (충남 부여 ㈜SD푸드 숙성실 견학 및 숙성 프로세스 참관 및 실습 등
| | 나 - 발효숙성에 이른 서동한우

서동한우의 건조숙성(Dry-aging)방법이 정답이라고 말할 순 없다.

건조숙성에 대한 이론적, 실무적 체계를 바탕으로 과학적 토대를 근간으로 완벽한 프로세스를 갖추고 물리적, 수학적 공식(Physical formula)으로 정립한 것이 국내외를 통틀어 없기도 하거니와 각 나라마다 숙성육 등에 대한 유통기한 및 법률적 가이드라인이 없거나 달라 검증과 매칭 체크(matching check) 를 할 수 없기 때문이다.

 서두에 말한 바와 같이 흡사 '장 담는'것과 유사한 고유 방법의 다양성으로 인해 이것이 맞다 틀리다를 이분법적으로 말 하고자 하는 것이 아니다.

서동한우라는 식당을 운영하면서 고객과 직접 부딪히며 현장에서 깨닫고 느끼게 된 다양한 경험과 우연에서 필연으로 발전해 나름 오랜 시간 동안 고객 및 전문가 들의 검증과 평가로 귀결된 서동한우만의 건조숙성법을 공유하여 내가 겪었던 시행착오를 줄이고 각자의 방식을 더

해 더욱 더 발전한 숙성육 시장의 질적 성장을 바라는 마음에서이다.

추후 본 포럼의 단계별 과정들과 나의 경험과 지식을 담은 교본서(책자)를 발행하여 여러분과 숙성기술과 생각을 공유하는 작업을 계속 해 나갈 계획이다.

 서동한우의 건조숙성 기술은 일반적으로 알려진 숙성 방법과 사뭇 미묘한 차이점이 있다. 그 미묘한 차이는 좀 더 세분화 되고 전문화된 시설에서 완벽에 가까운 결과물을 가져온다. 숙성은 공산품(공장에서 찍어내는)이 아닌 생물을 다루는 것이기에 늘 같은 결과물을 얻어 내기가 매우 어렵고 까다로운데 서동한우의 숙성법은 그 차이를 좁혀 로스율과 실패율(손실율에 대한 리스크)을 현격히 줄였다고 할 수 있다.

나는 그래서 ***서동한우만의 드라이에이징(건조숙성)을 서동肉이라 칭한다.***

왜 드라이에이징 건조숙성을 하게 되었나

4

해외(북미, 유럽 등)는 냉장시설이 없던 옛날

건조숙성은 동굴과 같이 비교적 부패로부터 안전한 곳에 고기를 보관하였던 것에서 출발 되었다. 사후경직 후 바로 먹는 질긴 신선육(주로 방목형으로 사육 되어져 고 지방육에 비해 생고기는 질겨 숙성을 당연시 함)보다 적절한 온도와 습도, 바람과 시간에 의해 서서히 변화된 고기의 맛에 끌리기 시작했다. 고기의 숙성은 고기가 주식인 서양인들에게는 당연히 하는 일상적인 방식이었기에 발전적인 기술은 아니었다.

그러기에 그들은 선조 때로부터 해온 방식대로 추후에 먹기 좋게 부분육으로 절개된 고기를 나무 등으로 만든 선반 위에 올려놓고 바람이 잘 통하는 곳에 보관하며, 일정 시간 뒤에 섭취하는 고전적 방식을 써왔다. 우리나라보다 고기의 수량 및 가격의 부담이 적어 심각한 로스율(표면을 잘라 버림)이 있다 하더라도 굳이 그것을 줄이기 위한 연구 및 기술적 발전을 꾀하진 않았다.

오히려 전통적 옛 그대로의 방식(일부 거치식을 해온 나라 및 업체도 있음)을 고집한 몇몇의 식당들이 오랜 시간 동안 고객들로부터 사랑 받아 세계적으로 유명한 드라이에이징 스테이크 하우스로 발전하기도 하였으나, 원초적 고기보관 방법인 건조숙성을 기술적으로 접근하여 다양하고 획기적인 방법론이 나온 것은 아닌 것으로 보인다.

건조숙성은 공기 중에 노출된 원육의 자기효소와 단백질의 변화, 인체에 유익한 곰팡이와 미생물들의 상호작용으로 시작된다. 하지만 공기 중에는 인체에 유해한 균들도 존재한다. 이러한 안 좋은 균들이 착상, 침투 하지 못하도록 막는 것이 매우 중요하다. 부패균들이 작용을 하는 것을 우린 '썩다'라고 표현한다. 그러므로 엄밀하게 말해서 '숙성'과 '부패'의 과정은 엄연히 다르다고 할 수 있다.

하지만 이를 잘 못 다루는 일부의 공정들에 의해 자칫 부패된 고기를 숙성으로 착각하여 섭취해 문제가 야기되기도 한다. 이러한 문제점을 극복하기 위해 각계각층에서 다양한 연구 및 시도가 있는데 최근 들어 소규모 점포가 늘어나면서 작은 사이즈로 된 숙성고의 필요성이 대두 되면서 독일 등 선진 냉장설비 업체들의 연구가 뒤 따르고 있긴 하지만 여전히 많은 업체들이 옛 방식대로 건조숙성을 하는 것으로 알고 있다.

우리나라 역시 같은 방식으로 숙성을 해왔다.

다만, 약간의 차이가 큰 결과를 불러오듯 우리의 선조들은 가급적 육류의 도체屠體(도축 후 박피한 다음 발목·머리·내장을 제거한 나머지)를 분할하지 않은 채 그대로 뒤 켠(선한 곳)등 에 걸어 놓는 거치식을 이용하였다.

소라는 객체의 부패와 변질은 칼, 도마, 공기, 사람의 손, 이물질 등 식육처리 과정에 의해 시작된다. 그러므로 가급적 도체 그대로를 걸어 놓아 부패를 최소화 하고 선반형에 비해 거치식이 갖는 이로운 점(도체 표면 전체에 골고루 바람의 영향을 끼치게 됨)등을 감안 한다 라면 우리 선조들의 지혜가 뛰어났다 란 점을 엿볼 수 있다.

2대째 어린 시절 부터 식당을 운영해 온 덕에 굳이 숙성이라 이야기 하지 않아도 보관방법으로 알게 된 이 당연하고 자연스러운 방법은 오늘날 서동한우만의 방법으로 발전하는데 기초적 토대가 되었다.

떨어지는 사과를 보고, 뉴턴이 중력의 법칙인 만유인력을 착안했듯이 누구나 당연시 하는 것을 다른 시각으로 해석하고 선조들의 방식을 내 것으로 소화하여 서서히 나만의 방식으로 발전시켜왔다.

우리식 구이문화로 인해 소비자 입맛에 맞게 숙성(서동肉개발)

충남 부여는 도회지에 비해 촌(村)이었기에 예전에는 전기 공급량이 원활하지 않아 정전으로 인해 냉장고가 정전되어 버리는 경우가 잦았다. 보통 사람 같으면 아마 2일 정도 정전된 냉장고의 고기상태를 보고 폐기 했을 텐데 오랫동안 고깃집을 해 온 덕에 부패에 대한 육안 판단과 경계점을 알 수 있는 안목이 생겨 직접 먹어보았는데 신선육과는 또 다른 맛을 느껴 주변 동료들에게 권유도 해보고 그때부터 그 맛의 원리에 대해 고민하기 시작했다.

그러던 중 지인이 맡기고 간 도체를 냉장고에 넣어두고 잊고 지내다 우연히 발견한 때, 그 도체에서 전해지는 특유의 향과 그 맛을 찾기 위한 여정을 시작했다. 당시에는 소 값이 그 닥 비싼 편이 아니었기에 여러 실험과 연구를 할 수 있었는데 신선육과 내가 연구한 고기들의 맛을 지인들을 통해 비교 평가받고 한국인의 입맛에 보편적으로 맛있다고 느낄 수 있는 지점을 찾아가기 시작했다. 어떠한 서적이나 인터넷 등의 도움 없이 올곧이 스스로 고민하여 실패와 성공의 경계를 넘나들기 시작했다.

이러한 과정을 통해 건조숙성의 메커니즘과 온도의 변화, 숙성설비의 중요성, 그리고 소의 부위별 숙성에 따른 효율성 등을 깨닫게 되었고 그간의 시행착오를 거울삼아 2014년 지금의 (주)SD푸드를 설립하게 되었다. 현재는 좀 더 진일보되고 체계화된 시스템으로 우리식 구이문화에 적합한 발효숙성의 단계에 이르고 있다.

발효는 곰팡이, 효모 등의 작용으로 유기물이 분해되어 특정 물질을 생성하는 현상을 말하는데 숙성은 시간이 경과함에 따라 식품의 성분이 자연적으로 그리고 수동적으로 변화하는 개념으로 본다면 발효는 미생물에 의해서 능동적으로 일어나는 좀 더 큰 반응이라고 할 수 있다.

김치가 숙성과 발효가 함께 어우러져 이루어지는 것과 같이 고기 또한 숙성과 발효에 의한 작용이 함께 어우러질 때 비로소 더욱 발전된 깊은 풍미(맛)를 선물 받을 수 있다.

건조숙성과 발효숙성은 다르다.

건조숙성 기간 동안 肉 자체의 생화학적 반응이나 식육 표면의 미생물이 생산한 효소에 의해 식육이 부드럽게 되거나 풍미 등이 향상되는 건조숙성은 이화학적 변화나 발효산물이 생성되지는 않는다. 효모나 젖산균 등 발효미생물에 의해 기능성 펩타이드 같은 발효산물이 발생하여야 진정한 발효숙성이라 볼 수 있다. 안전하고 자연적인 접종균주를 이용해 발효숙성이 이뤄져야 하며, 안전이 확보되지 않은 인체 병원성 미생물의 번식 우려가 있는 청결치 못한 숙성고 운영은 지양하여야 한다.

숙성고 운영자가 어떤 곰팡이가 증식하는지 모른 채 숙성을 하는 것은 매우 위험한 행위이다. 최소, 해당肉에 대한 검증 가능한 기관에 육질분석과 시료검사 등 축산물 품질 안전평가 등을 받아 안정성을 확보한 후 유통하여야 한다. 肉내에 저장되어 있는 글리코겐의 분해과정으로 젖산을 형성하는데 접종균주를 이용하면 기능성 펩타이드 등이 생성되어 발효과정에 이른다.

그러면 지금부터 기본단계인 1단계 과정에 대해 좀 더 심도 있게 서동한우의 건조숙성(서동肉) 노하우에 대해 말하도록 하겠다.

숙성의 기본단계

5

가. 서동한우 건조숙성(서동肉)의 이해

부드러운 고기 주세요

처음 건조숙성을 연구하면서 느낀 점은 최근 우리나라 사람들은 고기를 먹을 때 부드러운 고기를 찾는다란 것이다. 고객들이 찾는 부드러운 고기란 어떤 고기일까 고민하기 시작했다. 먼 옛날 중요한 농업동력원이었던 소를 어린 나이에 도축하는 것을 법으로 금지하던 때는 질긴 고기에 익숙하고 이에 적합한 요리 방법이 발전하여 고기는 씹는 맛과 다소 질긴 쫄깃쫄깃 한 조직감을 좋아했었다고 한다.

그러나 현대 들어 우리나라 소비자들도 소득 수준의 향상에 따라 건열 요리가 보편화되고 특히 완전히 익혀 먹기를 좋아하기 때문에 대부분의 소비자들이 익힐 때 연한 고기를 선호하게 되었고, 이러한 기호도에 맞게 적용된 것이 현재의 등급제인 것이다. 지방(마블링)은 살코기와는 다른 농후한 맛을 갖고 있다. 미끌 거리면서 혀에 감기는 맛, 수분과는 다른 성질의 다즙성이 있고 지방교잡이 많을수록 고기의 맛을 증진시켜 주는 아주 중요한 보조 역할을 담당한다. 특히 한우의 지방은 수입육에 비해 융점(녹는점)이 낮아 맛이 좋다고 알려져 있다. 그러나 융점은 부드러움에 직접적 관여를 하지만 식으면 딱딱해지는 관성의 법칙으로 인해 지방이 입안에서 굳어 풍미도 나빠지고 먹었을 때 떨떠름한 맛을 느끼게 되며 식어버린 구운 생육은 육즙이 빠져나가 섬유질이 힘을 잃게 되어 고기의 탄력이 없어지고 빈 공간이 커진 만큼 쪼그라들면서 퍼석한 식감을 내게 되는데 가장 맛있게 먹을 수 있는 순간이 짧은 단점이 있다 란 사실을 깨달았다.

하지만 건소숙성은 단백질이 분해되는 효소작용 등을 통해 생육 대비 상온에서도 융점이 낮아지는 불포화지방산이 더 많이 증가되어 지방의 관성효과를 낮추고 분해된 육질의 조직이 연해져 식어도 딱딱해지거나 수분과 육즙이 빠져 쪼그라들지 않고 그 맛을 그대로 유지한다 란 놀라운 사실을 발견하게 되었다. 또한 자기소화효소로 인해 고객들은 신선육 대비 더 많은 건조숙성육을 같은 시간대비 섭취하고 있었으며, 만족도 또한 높다란 사실을 알게 되었다.

즉, 지방(마블링)이 많은 고기는 처음 맛은 있으나 목 넘김의 부드러움이 느끼함과 연관되어 많이 먹을 수 없는 한계점이 있단 사실을 알게 되었다. 하지만 숙성을 통해 연도(Tenderness)를 부드럽게 만든 고기는 (고기의 숙성도가 높아질수록 공기 중의 산소가 고기 속으로 흡수돼 미오글로빈을 옥시미오글로빈으로 변하는 것을 도와주기 때문에 더욱 부드럽게 변하게 된다.)바로 그 목 넘김의 부드러움에 가장 적합한 것이란 사실을 알게 되었다.

첨언 : 고기에는 미오글로빈이라는 단백질이 근육에 분포되어 있다.(색상으로는 암적색에 가까움)이 미오글로빈이 공기에 노출되면 옥시미오글로빈으로 변하게 되는데 이 과정을 과학적으로 숙성이라 한다. 고기의 맛은 옥시미오글로빈(색상으로는 분홍색에 가까움)의 함유량이 높아질수록 풍미가 깊어진다. 옥시미오글로빈의 공기 중 노출량이 많아질수록 메트미오글로빈으로 산화되는데(색상은 갈색)이는 고기가 상한 것이 아니다.(풍미에 영향을 줄 수 있음)

또한, 고기 속에는 자유수(유리수, Free water)와 결합수(수화수, Bound water)의 2종류의 수분이 있다. 결합수는 가열을 해도 고기의 외부로 빠져나오지 않는 반면 자유수는 자유자재로 외부로 유출된다. 이 두 가지의 수분을 합쳐 '육즙'이라 한다.

숙성은 고기 내부에 결합수의 양을 늘리고 밀도를 높여 육즙을 가두는 힘이 강해져 목 넘김 등 부드러움을 돕는다.

숙성기간 동안 바람이 중요한 요소로 작용하는 이유는 자유수로 인한 부패균의 대사활동을 떨어트리기 위함이다.(수분 활성도에 따른 혐기성 세균 방지)

유통을 위한 수요와 공급의 원활함이 필요

식당 하나의 예측 수요량과 공급량은 힘들지 않았으나 공급처가 하나 둘 늘어남에 따라 늘 같은 품질이 유지된 안정성을 확보하기 위해서는 또 다른 방법이 필요하였다. 또한, 한우가격의 변동 폭에 의한 실리성을 추구하기 위해서도 숙성의 깊이와 농도, 일정 등을 자유자재로 컨트롤 할 수 있어야 했다.

이러한 점은 숙성실로 입고된 객체를 원하는 시기에 출고 가능하게 품질을 끌어 올리는 작업이 필요했는데 이 부분이 서동한우의 건조숙성법이 여타 숙성법과의 차별화 중 하나이다. 건조숙성 관리(유지)의 중요성에서 자세히 다루도록 하겠다.

대량 생산이 가능한 시스템 구축

서동한우의 숙성시스템은 일반 식당 한두 개를 커버할 수 있는 쇼케이스 개념의 숙성고가 아닌 한우 등심 약 1,000두 분량을 동시에 숙성 할 수 있는 규모이다. 물론 추 후 심화단계에서 작은 개념의 숙성고에 대한 부분도 짚고 가겠으나 서동한우의 건조숙성실은 대량 생산체계에 맞게 설계되어 운영되고 있다.

이렇게 만들어진 서동한우의 건조숙성법에 대한 이해가 먼저 필요하다 하겠다.

나. 원육의 중요성

첫 단추가 중요하다

가장 맛있다고 느끼는 관능평가(다수)에 의하면 건조숙성육에 적합한 원육은 현 등급제 2등급에 해당하는 저지방 육이라고 말할 수 있다. 정확하게는 근내지방도를 1~9까지로 나눌 때 6이상이 +1등급 이라면 3~4정도에 있는 1~2등급(Prime급 수준) 사이에 있는 객체가 가장 적합하다 하겠다. 숙성의 원리인 단백질의 분해에 따른 각종 기능성 물질생성이 지방(마블링)이 많은 한우에 비해 배가 되기 때문이다. 또한, 생산성과 실리성(이익성)부분에서도 고지방 육(+1이상)에 반해 유리한 지점이 매우 많기 때문이다. 원육의 품질은 외관품질요인(육색·육즙·조직감), 식감 품질요인(연도·향미·다즙성), 신뢰품질요인(안전성·브랜드·원산지)등으로 결정되어지는데 육색과 원육 상태(해당 원육 관련 이력 등)만으로도 좋은 원육을 고를 수 있는 안목을 키우는 것이 매우 중요하다.

기계화되어 생산된 공산품이 아닌 생물이기에 원육의 질 상태가 미흡한 경우 아무리 과정이 훌륭하다 하더라도 좋은 결과물을 얻을 수 없다.

특히, 소고기 특유의 고소한 풍미는 소고기의 지방산 중 '올레인산'의 함유량이 좌우하는데 거세우보다 암소에 올레인산이 더 많이 함유된 것으로 알려져 있다. 같은 등급이라면 암소가 훨씬 풍미가 진하고 맛있다는 뜻이다.

효율성이 높은 부위는 있다.

가급적 가능하다면 본인의 숙성환경에 적합한 부위(스팩)를 공급 받을 수 있으면 좋다. 대부분의 업소는 식육포장처리업체 & 식육판매업체 등 도매업체, 또는 축산물가공업체 등 소매업체를 통해 공급받는데 서동한우의 경우는 대부분도축 전 우시장(가축거래시장)에서 등급 판정 전 육안으로 미리 원육 을 선별 선택하고 있다.(일부 식육포장처리업체에서 공급)

선별한 소를 도축 후 별도의 유통단계 없이 바로 숙성실로 입고 시켜 원육에 문제가 생길 틈을 주지 않도록 시스템화 하였다. 도소매업체 등 가공장을 통해 공급받는 원육은 구입하는 사람이 원하는 부위(스팩)를 자유롭게 정할 수 없을뿐더러 구입한 원육이 이미 세김질(발골 등 손질)과 진공처리 되었을 경우 원육의 수축문제와 초기 숙성에 관여하는 이로운 미생물보다 유해 균주의 활동 폭이 넓기 때문에 성공 확률이 그 만큼 줄어들게 된다.

1. 도축 후 칠드상태(chilled meat-냉장)의 원육
2. 진공포장육을 해체해 숙성하는 것은 바람직하지 않음
3. 원육 선도의 중요
4. 원육의 개체번호 및 입,출고 등에 따른 관리

투자대비 만족도가 가장 높은 부위로는 등심, 안심, 채끝, 갈비 부위로

써 이들 모두를 뼈와 지방이 붙어 있는 상태의 스팩으로 거치식 숙성고에 입고한다.(평균 50일 이상 숙성)

경제적 측면에서 7~8일 정도의 건조숙성으로도 만족도를 높일 수 있는 부위로는 양지에 속하는 업진살, 치마살과 갈비쪽의 안창살, 토시살 등이 있으며,(지방이 붙어 있는 상태에서 치마살, 업진살은 약 20일 정도 숙성) 완전 정선되어 있는 치마살, 업진살의 경우는 3~4일 정도 숙성하는 것이 바람직하다.

부분육이 건조숙성에 불리한 이유는 앞서 말한 초기 오염 위험과 함께 높은 감량 손실 때문이다. 숙성 과정 중 겉 표면이 딱딱해지는데 불가식 부위인 지방과 뼈, 딱딱해진 크러스트의 손실율이 상대적으로 높기 때문이다.

또한, 지육 전체를 숙성 하는건 경제성 대비 비효율성이 매우 커지기 때문에 지양한다. 숙성을 통해 비선호 부위(앞다리와 뒷다리 쪽 부위)가 부드러워진다 해도 최고의 맛을 10이라 할 경우 1~2등급의 비 선호 부위는 아무리 숙성을 해도 10이 될 수 없기 때문에 비선호부위의 숙성은 지양한다.

지방이 붙어 있는 상태와 뼈가 붙어 있는 상태 등 숙성연구를 통한 다양한 스팩을 찾아왔는데 뼈가 붙어있는 상태가 손실율이 적고 풍부한 맛을 내기에 2013년부터 한우식당에서 본인립아이라는 즉석스테이크 스팩으로 국내최초로 판매를 했다.

1등급의 아래등심살도 비 선호부위 인데 2등급의 아래등심살을 숙성을 통해 꽃등심(가운데등심)의 맛과 견줄 수 있는 깊은 맛(숙성의 치즈 향과 버터 향의 강함 정도)으로 끌어 올렸다.

다. 건조숙성 시설(설비)의 중요성

잘 만들어진 숙성고가 성공적 숙성의 전부일 수 있다.

가정에서 일반 냉장고를 통해 제대로 드라이에이징(Dry-aging)을 할 수 있는 방법은 현실적으로 어렵다. 이렇게 단정적으로 말할 수 있는 것은 '제대로'라는 것 때문이다. 어느 정도의 풍미와 숙성의 초기 정도만 맛 보려면 소금 같은 습유제 역할을 할 수 있는 것들을 이용할 수 있으나 급격한 수분제거는 肉 내부까지 서서히 숙성이 되는(단백질 분해)충분한 효과를 누리기엔 다소 무리가 따른다.

가정용 가습기를 설치한다면 수시로 물을 채워주기 위해 문의 개폐를 반복해야 하고 바람의 세기와 풍향의 위치선정 등도 수시로 肉의 상태를 봐 가며 해야 하기에 선풍기 같은걸 넣어 놓는다고 되는 게 아니기 때문이다.

시중에 드라이에이징(Dry-aging) 전용 숙성고라고 판매하는 제품들이 몇 가지 있는데 개인용이 아닌 접객 고객을 상대로 하는 업소에서 장기간 숙성엔 무리가 따르는 마케팅용 쇼케이스 정도라 하는 게 맞는 듯 하다. 드라이에이징(Dry-aging)은 각 업체별로 숙성방법이 상이하고 전용 숙성고 또한 고안된 각자의 방법으로 만들거나 카피한 정도이다.

그만큼 업체들의 고유기술이 사업성으로 직결되는 중요한 부분이기에 작은 사이즈(가정용 & 소규모 점포용)로 만들려는 노력은 많은 냉장설비업체들이 현재도 꾸준히 하고 있지만 뚜렷히 '드라이에이징(Dry-aging) 전용숙성고'로 획기적으로 불리 울 만큼 뛰어난 제품은 아직 없는 것으로 알고 있다.

드라이에이징(Dry-aging)전용고 라고 홍보하는 유명 숙성 전문식당에 비치된 것들도 대부분 마케팅을 위한 쇼케이스로 활용할 뿐 정작 중요한 숙성고는 별도로 마련되어 있는 편이다.

그럼 왜 뛰어난 가전회사들이 만들지 않을까

이는 드라이에이징(Dry-aging)을 '제대로' 하려면 공기순환(바람)의 효율적 분배 및 공기 회전의 적정성 등 많은 변수를 제어 해야 하는데 그러한 것들을 안정적으로 유지하려면 공간적 확보(Space security)가 정말 중요하기 때문이다.

공간적 확보가 중요한 까닭은 부패의 원인에도 언급한바와 같이 원육의 컷팅(도마, 칼 등으로 부패 위험도 상승)과 이물질로 만든 선반 등이 '제대로'된 숙성을 방해하기 때문이다.(선반의 표면과 고기의 표면 마찰에 의한 변질 우려)

심각한 로스율을 감안하고라도 굳이 실행한다면 경제성에선 낙제점이라 할 수 있다.(선반과의 직접 마찰을 줄이기 위해 미트페이퍼 등 다양한 감싸기를 한다해도 물리적으로 눌리는 현상과 바람의 전반적 미 전달

로 숙성의 완성도 저해)

또한, 이로운 미생물의 착상에 필요한 공간확보가 중요하다. (미생물이 너무 빨리 착상되는 것은 좋지 않음, 서서히 肉전면에 착상하여 내부까지 침투하는 시간과 공간의 효율성이 있어야 함 - 肉과 肉의 사이공간이 어느 정도 필요함) 그러므로 작은 사이즈의 숙성고를 만든단 것은 여러면에서 어려운 일이다.

하나보다 둘, 둘 보다 셋

처음 건조숙성을 연구하면서 많은 시행착오를 겪은 것 중 하나가 숙성고의 온도와 습도 등 다양한 물리적 변화를 어떻게 하면 내가 원하는 대로 시시각각 조절할 수 있을까 하는 고민이었다. 온도와 습도는 미생물의 활동에 가장 밀접한 관계가 있고 바람은 자유수를 증발케 하여 유해균의 침투를 방지하는 원육코팅 역할 등을 담당하는 등 각각의 역할을 肉상태와 입출고 일정 등에 맞게 조절이 가능하여야 했다.

숙성고에 컨트롤러(제어기)를 달고 상황에 맞게 조절을 해보았으나 원하는 물리적 변화를 빨리 맞출 수 는 없었다. 예를 들어 1~2°C에 맞춰진 숙성고 내부를 딱 원하는 타이밍에 3~4°C로 급격히 변화를 줄 수 없단 것이다. 온도와 습도 등 다양한 물리적 변화는 컨트롤러를 사용하여도 일정 변화를 요하는 시간이 필요로 하였다. 아무리 좋은 제어기라도 급격한 변화를 줄 순 없었기에 고민스러웠는데 이를 해결할 방법은 의외로 간단하였다.

그것은 내가 원하는 숙성고 상태(온,습,풍 등)로 맞춰져 있는 곳에 고기를 넣으면 간단한 문제였던 것이다. 즉, 숙성고를 하나 더 늘려 肉의 상태와 출고 날짜 등에 맞춰 숙성의 진행속도를 조절할 수 있는 것이다.

둥안채(1두)기준 20여두를 거치할 경우 4.96㎡(약1.5평-1칸)의 공간이 적절한데(2배열 2층 거치식) 肉의 상태에 따른 온,습,풍의 변화를 위해 2~3칸 정도 숙성고를 만드는 것이 좋다고 할 수 있다. 이렇게 2~3개의 숙성고를 만들게 되면 각각의 숙성고에 肉관리가 용이하고 재고관리와 숙성肉의 입, 출고를 자유자재로 컨트롤 할 수가 있다. 추후 심화단계에서 온도, 습도, 바람의 알고리즘 부분에서 설명하겠지만 서동한우는 3칸의 숙성고에 肉을 로테이션 숙성하는데 통상 1칸에서 초기, 중기 숙성을 한다.

위에서 아래로, 아래에서 위로

숙성고 내부의 공기 및 바람의 순환(흐름)은 건조숙성육의 품질에 많은 영향을 주기 때문에 매우 중요하다. 어느 일방의 한쪽으로 부터의 물리적 순환은 肉표면 일부에만 영향을 주어 숙성肉 전반에 알맞은 코팅 역할(자유수를 날리는)을 할 수 없다. 이로 인해 肉의 전체적 균등한 바람의 영향을 받지 못한 부분에서 산패 및 부패가 일어날 확률이 상승하게 된다. 이는 곧 로스율과 직결된다.

진공이 아닌 상태에서 모든 입자는 아래로 떨어지는 습성이 있는데 이에 물리적 힘을 가하면 바닥면을 치고 다시 올라오는 유체의 부력에 의한 상하운동으로 밀도 차이에 의해 자연스럽게 대류현상(convection)

을 일으켜 일정한 순환을 유지할 수 있다.

즉, 관련 시설물 모두를 천정에 설치하여 일정한 순환 대류현상을 일으켜 肉에 최고효율의 영향을 끼치게 하는 것이다. 숙성고 내부의 온도를 관찰해 바람의 방향을 컨트롤 할 수 있고 유니트 쿨러(Unit cooler)의 대류현상을 도울 수 있는 공기순환팬(풍향팬)을 유니트 쿨러(Unit cooler)1개당 약 2배수에 해당하게 설치하는 것이 좋다. 또한, 肉과 肉사이 유격공간에 바람이 분사되어 거치된 肉표면에 360° 바람의 회전력을 통해 전체적으로 알맞게 미생물의 착상과 코팅에 적합하도록 일정 간격으로 설치하는 것이 좋다. 그러므로 가급적 벽부형이나 거치형으로 설치하는 것은 지양하여야 한다.

첨언 : 유니트 쿨러(Unit cooler)는 부식 걱정이 없는 스테인리스 코일(STS316)을 적용, 내구성이 강한 인터버 타입이 좋다.

또한, 숙성고의 습기를 컨트롤하기 위해 일부에서는 숯, 짚 등을 놓기도 하는데 숙성고 천정 중앙부에 건조기 히터와 가습기를 설치하여 숙성고 내부의 균등한 제습, 가습 될 수 있도록 하는 것이 좋다.

선반형 보다는 거치형

肉을 거치하기 위한 거치대는 스테인리스(stainless steel)재질로 된 Ø50mm의 봉 타입의 구조물을 가로 유격 30mm, 상하유격 100mm로 2단 구조로 평행 거치대를 설치하는 것이 肉의 표면끼리 서로 맞 닿아 산패될 수 있는 요인을 방지할 수 있는 적합한 유격공간이다. 肉의 거치는 정육고리(S자고리)를 이용한 뼈 관통식을 사용, 살코기가 다치지 않게 세심한 주의를 기울여야 한다.

새 집(건축물) 증후군(sick building syndrome)

무엇보다 중요한 것은 숙성고 내부에 자연적 미생물 균주가 자리를 잡을 수 있도록 해야 하는데 이것이 매우 중요한 포인트이다. 이 부분을 모르고 무작정 숙성고를 만들어 고기만 넣으면 자동으로 숙성이 되어 나오는지 착각하는 사람들이 있다. 최초 만든 숙성고에는 신규 아파트처럼 새 집증후군(sick building syndrome)이란 것이 있다. 즉, 처음 숙성고를 만들고 나면 일정 기간 동안 난연EPS판넬, 스테인리스스틸 등의 재질에서 뿜어져 나오는 독소들을 날려 안정적인 숙성고가 될 수 있도록 하여야 한다.

온도를 높이고 주기적 환기 등을 통해 숙성고의 건축자재에서 나오는 유기화합물질(VOCs)등의 나쁜 독소들과 오염물질을 밖으로 배출되도록 하는 화학물질을 뽑아내는 '베이킹 아웃(baking out)'이 필요하다.

그런 다음 肉(고기)을 넣고 온도 습도 등을 맞추어 미생물 균주가 자리를 잡을 수 있도록 하여야 한다. 모든 肉의 입고 전에 이미 잘 배양된 미생물로 숙성고 내부를 채우는 방법이 있는데 최초, 배양된 미생물이 없을 경우는 몇 개의 객체로 실험을 통해 제대로 숙성고 내부에 미생물이 안착하는지를 테스트 해보아야 한다. 이러한 안정적인 과정을 거친 후 모든 肉을 채워 숙성을 개시하여야 한다.

라. 건조숙성 관리(유지)의 중요성

축산물의 유통기한은 정해져있다?

우리나라는 식품의약품안전처고시 제2019-56호[시행 2019. 7. 2.]에 제2장 유통기한 설정기준의 일반원칙 제4조(유통기한 설정방법 등)을 보면 축산물가공업자, 식육포장처리업자는 포장재질, 보존조건, 제조방법 등 제품의 특성과 냉장 또는 냉동보존 등 기타 유통실정을 고려하여 위해방지와 품질을 보장할 수 있도록 유통기간 설정을 위한 실험(이하 '유통기간 설정실험')을 실시하고, 설정된 '유통기간' 내에서 실제 유통조건을 고려하여 제품의 유통 중 안전성과 품질을 보장할 수 있도록 유통기한을 설정하여야 한다. 라고 고시되어 있다. 쉽게 설명하자면 판매자 책임제란 뜻이다.

그렇다면 왜 국가에서 유통기한을 강제하지 못하는 걸까? 이유는 기준(유통기한)을 정한다란 것은 그 기준을 통해 적정성과 소비자 판단을 돕기 위해 저장온도, 보관방법, 그리고 어떤 혁신적 기술로 개발되었는지까지 판단하여 유통기한을 정해야한다. 만약 유통기한을 국가가 정한 날이 00일일 경우 그 안에 섭취한 축산물에 문제 발생 시 법적 문제의 책임은 국가가 지는 형국이 될 수도 있다. 식품(축산물)이 지닌 특성을 인정하고 그 특성에 따라 저장온도와 보관방법, 취급에 따라 달라질 기간이라는 변수를 감안하여 판매자가 「축산물 위생관리법 시행규칙」의 식품 등의 표시기준에 따라 제조일로부터 소비자에게 판매가 허용되는 기한을 설정하여 표시하여야 한다.

한우 냉장육(신선육)의 경우 도축 후 60일 이내에 대부분 시중 유통을 하는게 일반적이며(한우를 신선하고 좋은 상태에서 소비자에게 공급할 수 있는 마지노선을 60일까지로 본 것) 백화점의 경우 유통기한을 더 철저하게 관리해 30일이 넘은 한우고기는 취급하지 않는 곳도 있다.(국내 냉장육의 유통 온도 기준은 10℃이하, 한우업계에선 신선도 유지를 위해 자체적으로 0~2℃로 유통) 그러나 이것을 법령으로 정한 것은 아니다. 생산자가 정한 기한 내 문제 발생 시 생산 당사자가 책임을 져야 하며, 본인이 정한 기한을 넘겨 판매 시는 법적 처벌을 감내하여야 하는 것이 국내법이다.

천일이 넘는 고기도 유통가능한가?

답을 먼저 말한다면 '가능'하다. 그러나 그 도축 후 천일肉에 대한 '품목제조보고서'를 영업지 해당관청에 제출하여야한다. 즉, 제조방법설명서, 축산물 위생시험, 검사기관이 발급한 축산물의 가공기준 및 성분규격검토서, 유통기한 및 식품의약안정처장이 정하여 고시한 기준에 따라 작성한 유통기간의 설정사유서 등을 제출하여 받아 드려져야 한다. 우리나라 공무원들은 사례중심이다. 그 천일肉의 유통을 허가한 관청이 있는지 먼저 살펴볼 것이다. 만약 없다면 그 천일肉의 유통은 불가능해 질

것이다.

서동肉은 도축 후 숙성기간을 포함 최장 120일까지 유통된다.

서동한우에서 건조숙성 되고 있는 숙성肉은 공급처의 수급량과 한우시세에 따라 숙성기한을 최장 70일~120일까지 하고 있다. 생육에 비해 재고조절이 유리하고 시세가 저렴한 시기에 다량 구매하여 숙성한 후 시세가 오를 때 유통하는 등의 사업성과도 낼 수 있다. 만약 여러분 중 누군가 120일까지의 건조숙성肉을 유통시키고 싶다면 이에 해당하는 사례를 서동한우로부터 찾아 해당 관청에 제출하면 된다. 서동한우 숙성肉의 120일까지 유통기한이 받아진 사례는 국내 최초이다.

마블링의 천국, 일본도 숙성열풍에 빠지다.

'와규'등 하얗게 눈이 내린 듯한 마블링을 찬양하던 일본도 숙성육에 대한 소비가 점차 증가하고 있다. 숙성肉은 건강에도 좋다는 인식을 심어줘 새로운 식문화로 자리 잡고 있다. 숙성肉은 지방 섭취를 꺼리는 사람, 특히 건강 지향성이 높은 소비자에게 인기를 얻으며 기존의 고정관념을 뒤엎는 새로운 식문화로 자리 잡고 있다. 닛케이 트렌디 '2019년 히트 예측 100'에 숙성肉이 포함되는 등 숙성 트렌드는 일본에서 더욱 열풍이 불고 있다. 관련업계에서 '일본 드라이에이징 보급협회'를 만들어 꾸준한 홍보도 도움이 되고 있다. 그러나 일본은 숙성肉에 대한 유통기한을 도축일로부터 90일로 설정해(나라마다 관련법이 다름) 깊은 맛

(풍미)을 내는 것에 대한 한계점이 있는 걸로 보인다.

우리나라도 빠른 시일 내 안전하고 발전 지향적인 관련 법규를 마련하여야 할 것으로 생각된다.

숙성의 심화단계

6

서동한우 비밀의 문, 하나를 열다 (서동한우 특허 + α)

일반적으로 알려진 건조숙성 방법은 저온에서 일정 시간 동안 숙성하면, 육질의 겉이 마르고 껍질이 딱딱(크러스트 층)하게 된다. 그러면 숙성 초기에 영향을 주던 미생물이 더 이상 영향을 줄 수 없게 되므로 숙성 기간이 길어져도 고기의 심부까지 숙성되지 못하는 문제점이 있다. 또한, 이러한 방법은 공기 중의 노출 오염도가 높아 고기의 표면을 잘라내고 위생상 문제가 되지 않는 안쪽 부위만을 발라내어 먹기 때문에 肉중량의 로스율이 발생할 수밖에 없다.

이러한 종래의 문제점을 해결하기 위해 온도를 고온으로 올려 미생물의 작용을 활성화하여 고기의 심부까지 숙성시켜 육질을 최대한 연하게 하고 풍미를 극대화하는 '찰라'의 기술적 문제를 해결하여 성공하였다. 아래 단계별 숙성고 로테이션과 온,습,풍의 변화는 그 '찰라'를 다양한 실험을 통해 검증하여 얻은 산물이다.

앞서 언급한 등,안,채의 스팩으로 거치형으로 만들어진 숙성고에 걸개방식으로 저장하고 유니트 쿨러(냉기공급장치)를 이용하여 온도를 1~2℃, 가습기와 제습기를 이용하여 상대습도를 80%로 유지하며, 하양식 천정형 통풍설비(순환팬)를 이용하여 통풍이 肉 표면 전반에 잘 회전 되도록 한 상태에서 20~40일간 건조숙성 한다.

초기 단계를 거친 숙성된 肉을 제2 숙성고에 걸개방식으로 저장하고, 송풍기를 통해서 외부 공기를 주입하거나 히터를 가동하여 숙성실의 온도를 15℃, 습도를 90%이상으로 하고, 하양식 천정형 통풍설비(팬설비)를 이용하여 통풍이 잘 되도록 한 상태에서 1~2일간 미생물이 변화를 일으킬 수 있는 조건으로 건조숙성 한다. 이 단계를 통해 온도와 습도 조절로 육질의 풍미를 끌어 올릴 수 있는 상태가 결정되어 진다.

이와 같이, 숙성온도를 올리는 것을 미생물과 효소의 작용을 활성화하기 위한 것이다. 일반적으로 미생물은 10℃ 이상에서 번식과 활동이 활발하게 이루어진다. 그러나 숙성실의 온도가 20℃ 이상으로 올라가면 세균과 유해 곰팡이가 번성하여 부패가 일어날 수 있다.

그리고 숙성기간은 최소 1~2일로 한다. 즉, 미생물과 효소가 충분히 작용하기 위해서는 최소 24시간 이상이 요구된다. 그러나 3일 이상 고온 다

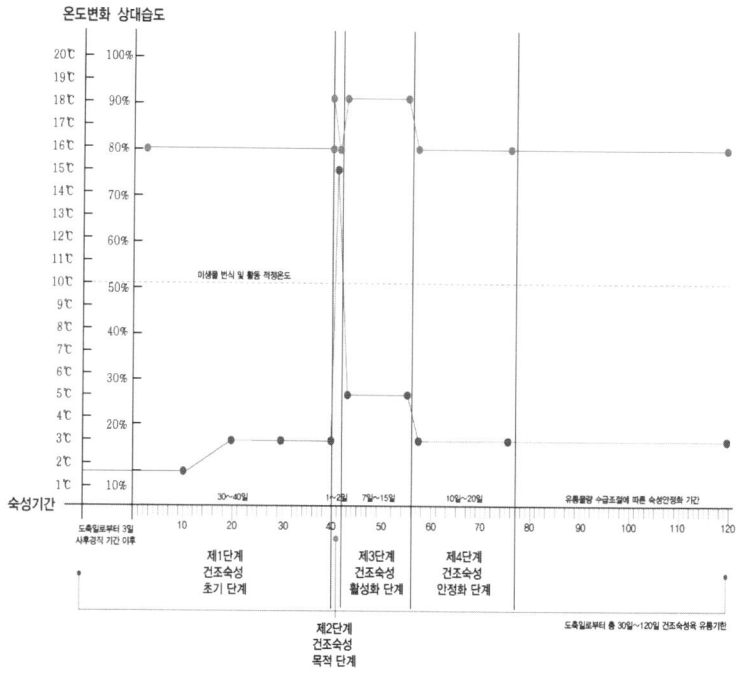

습한 환경에서 숙성할 경우 부패가 일어날 수 있으므로 3일을 넘지 않도록 주의해야한다.

숙성실의 습도는 70~80%로 유지하되, 제 2 목적 단계를 시작한 첫날에는 습도를 85~90%까지 올릴 수 있다. 이와 같이 다습한 조건에서는 딱딱해진 肉의 표면이 수분을 흡수하여 부드럽게 된다. 따라서 공기 중의 미생물이 肉의 심부까지 침투하여 숙성 시킬 수 있게 된다. 그러나 다습한 상태에서는 부패현상이 나타날 수 있으므로 1일을 넘지 않도록 한다. 특히, 제 2 목적 단계에서는 고온 다습한 환경이므로 肉이 상하지 않도록 주의하여야 한다.

STEP 3 활성화 단계

2단계를 거친 숙성 肉을 제 3 숙성고에 걸개방식으로 저장하고 온도를 5℃, 습도를 90%로 유지하며, 하양식 천정형 통풍설비(팬설비)를 이용하여 통풍이 잘 되도록 한 상태에서 7~15일간 건조숙성 하는 단계로서 육질의 이취현상 및 산패현상을 막음과 동시에 미생물과 효소의 작용을 중단시켜 맛과 풍미를 잘 유지할 수 있도록 한다. 그러나 숙성기간이 필요 이상으로 길어지면 미생물의 번식과 지방의 산패로 오히려 육질을 저하될 수 있으므로 적당한 숙성 기간을 지키는 것이 중요하다.

STEP 4 안정화 단계

3단계를 거친 숙성 肉을 온도 3℃, 습도 80%로 유지하며, 하양식 천정형 통풍설비(팬설비)를 이용하여 통풍이 잘 되도록 한 상태로 10~20여일간 건조숙성하는 안정화에 이르는 단계로서 이 시기를 거쳐 최대 50~120일 까지 유통량에 맞춰 숙성기간을 둘 수 있다.

- 서동한우의 건조숙성특허

다음의 효과를 기대할 수 있다.

상기 단계들을 거친 숙성 肉은 고온 다습한 숙성 환경에 의해서 肉의 표면이 부드러워지고 미생물과 효소의 작용이 활성화되어 肉의 심부까지 숙성되어 맛과 향이 더욱 좋게 되는데 肉의 연화작용을 돕는 근소포체 유래의 프로테아제(protease)에 의해 근절을 구성하는 Z선이 부분적으로 절단되어 분절(fragmentation)이 빠르게 이루어진다. 또한, 고기의 연화와 동시에 근육에 존재하는 카뎁신(cathepsin) 효소에 의해 단백질이 가수분해 되어 고기의 풍미를 향상시키는 유리아미노산과 펩타이드가 급격히 생성된다. 그 밖에 肉의 ph가 급 상승하는 효과도 있다. 그리고 肉자체의 효소가 근육 조직을 파괴하면서 텐더라이징(Tenderizing)이 시작된다. 이 텐더라이징 과정은 처음 10일 내지 14일 동안 일어난다. 여기서, 건조숙성 된 肉은 보랏빛 적색을 띠고, 이 과정에 따른 수축(Shrink)이 10%~15% 일어나게 된다.

글로 표현된 상기 방법 그대로 시행해도 잘 되지 않을 수 있다. 이유는 생물이 가지고 있는 변동적 특징으로 인해 육안 및 다양한 루트(중앙제어 시스템 등)를 통해 객체별로 숙성 단계의 관찰이 필요하기 때문이다. 결국 글은 이론일 뿐 직접 몸으로 부딪혀 경험을 해 보아야 할 것이다. 다만, 시행착오를 줄이기엔 상기 단계가 상당의 도움이 될 것이다.

해당 숙성법은 재고관리와 앞서도 설명한 수요와 공급의 원활함을 도울 수 있는 예측 가능성이 뛰어난 방법이다.

위생관리시스템(HACCP)은 필수이다.

원육의 관리에서부터 숙성, 정선, 포장 단계를 거쳐 최종소비자가 섭취하기 전까지 각 단계의 생물학적, 화학적, 물리적 위해요소가 혼입되거나 오염되는 것을 방지하기 위한 위생관리 시스템인 '해썹' 또는 식품

위생법에서는 '식품안전관리인증기준'이라 하는 모든 기준을 통과하여 그 인증서를 발부 받아야한다.

이는 숙성肉의 생산 유통 소비의 전 과정을 통하여 지속적으로 관리함으로써 제품 또는 식품의 안전성(Safety)을 확보하고 보증하는 예방차원의 개념이기에 매우 중요하다.

한국식품안전관리인증원으로 부터 관련서류를 발부받아 신청, 제출한 후 HACCP 인증원 및 소비자식품위생감시원으로 구성된 평가단으로부터 3개 분야(기본분야, 공통분야, 일반분야)로 구성된 평가를 받은 후 등급 지정 평가를 받으면 된다.

건조숙성육의 풍미

7

건조숙성을 통한 깊은 맛

잘 숙성된 고기에서 치즈 향과 버터 맛이 나는 건 블루치즈 맛의 원천으로 알려진 푸른곰팡이(Penicillium)의 작용으로 단백질과 지방 등 영양성분이 미생물과 효소에 의해 분해되는 과정 속에 푸른곰팡이와 같은 미생물이 작용하여 지방산을 메틸케톤(Methyl Ketone) 화합물로 분해해 블루치즈와 견과류 같은 특유의 풍미를 만들어낸다.

또한, 페니실륨 균은 숙성을 거치면서 미생물 작용을 통해 흰색의 뽀얀 털과 같은 흰 곰팡이(Fleur)를 생성하고 마치 눈이 쌓인 듯 도체 외피를 덮는데 김치에서 나타나는 효모가 산소와 반응해 생기는 발효 효과에 의한 백색 막의 효모 덩어리인 '골마지'같이 표면에 착상되어 건조를 촉진시키는 역할을 하며 대장균, 살라모 같은 인체에 유해한 박테리아가 자라지 않도록 막아주는 천연 항균제 역할을 한다.

첨언 : 호주 연방과학원(CSIRO) 의 보고서에 의하면 곰팡이가 폈더라

도 그것만 떼어내면 섭취가 가능하거나 저장 가능한 음식 (Foods you can save (if you cut the mould off))으로는 체다치즈, 소고기 등 델리미트, 당근과 같은 딱딱한 야채 등을 꼽는다. 이러한 음식들은 단단하고 치밀한 구조를 가지고 있고, 또 눈에 보이는 곰팡이와 별개로 눈에 보이지 않는 독소의 배출이 일어날 가능성이 낮기 때문이다. 따라서 곰팡이를 떼어 낸다면 (표면에서부터 1~2cm 깊이로) 그 음식은 잠재적인 피해 없이 안전하게 섭취할 수 있다.

잘 숙성된 고기는 조직이 치밀하고 색상이 상당히 먹음직스러운 붉은 색을 띠게 되는데 지방과 단백질의 구분이 완연히 나타나 마치 없었던 지방이 생겨난 착각을 일으킬 정도로 +1등급 신선육 정도의 마블링을 육안으로 볼 수 있다. 이는 원래 저지방육이 가지고 있던 육내 지방이 숙성과정을 통해 선명하게 보이게 되는 현상이기도 하다. 신선육은 선분홍색상인데 반해 검붉게 변한 숙성육이 상한 것이 아닌가 의구심을 가지고 있는 고객들도 더러 있는데 색이 어두어지는 갈변반응은 당과 아미노산의 결합으로 생기는 현상으로써 감칠맛을 더해주는 과정이기도 하다.

소고기 특유의 '감칠 맛'은 숙성을 통해 어떻게 변화 하는가

중요한 것은 관능적으로 객관화 된 것이 좋게 느껴져야 하고 영양학적으로 몸에 흡수가 잘되고 우리에게 건강을 줄 수 있는 성분이어야만 좋은 숙성이며 우리에게 유익한 풍미나 맛 건강에 이익을 주는 대사산물이 많이 만들어진 숙성이 가장 좋은 숙성이라 하겠다.

숙성방법에 따라 다양한 균주의 활동 및 숙성기간에 따른 맛의 차이는 분명히 존재한다. 보수성이 낮은 고기는 질겨질 뿐만 아니라 풍미도 떨어짐에 따라 결과적으로 맛이 없게 된다. 肉의 보수력은 肉내 pH 변화와 관련이 깊다. 서동한우의 서동肉을 영남대학교 생명공학부 최창본 교수 연구팀에 시료검사 의뢰한 결과 숙성 전 후의 놀라운 pH상승에 관한 결과를 볼 수 있었다.

첨언 : 최창본 교수 - 영남대학교 생명공학부 교수, 축산물품질평가원 비상임감사역임, 한우자조금관리위원회 자문위원 등. 한우 맛의 우수성을 과학적으로 입증한 것으로 유명, 20여 년간 한우의 우수성을 입증하기 위해 연구한 결과, 2013년 쇠고기의 맛을 좌우하는 핵산물질인 '이노신 일인산염'의 함유량과 맛에 대한 연구결과를 발표, 한우 맛의 우수성을 과학적으로 입증 함.

서동肉의 숙성 전 (8일)과 숙성 후 (64일) pH 변화

	시료번호	숙성 전	숙성 후
pH	7363	5.53	5.80 (↑0.27)
	9418	5.48	5.80 (↑0.32)
	5479	5.49	5.75 (↑0.26)
	1519	5.63	5.67 (↑0.04)
	4497	5.49	5.73 (↑0.24)
	평균	5.52	5.75 (↑0.23)

무엇보다 소고기의 '맛'에 직접적인 영향을 미치는 글루탐산 함량이 최소 5.27배에서, 최대 14.76배 증가하였다.

첨언 : 글루탐산이란 - 제5의 맛으로 알려진 '감칠 맛'의 대명사 글루탐산은 최초 발견은 1866년에 독일 화학자 카를 하인리히 레오폴트 리트하우젠에 의해서다. 그는 밀의 글루텐을 황산으로 처리해서 글루탐산을 분리해 냈다. 1908년에는 일본의 이케다 키쿠나에 교수가 많은 양의 다시마 국을 말렸을 때 남게 되는 갈색 결정체가 이 글루탐산임을 밝혀냈다. 이 결정체는 뭔가 참 좋은데 뭐라 설명을 하기 힘든 그런 맛을 냈고, 이케다는 이 맛에 우마미라는 이름을 붙였다. 이것이 바로 자연 조미료 '감칠 맛'이다.

또한, 서동肉을 60일 이상 장기간 건조숙성 할 경우, 맛 특성 – 단맛, 쓴맛, 감칠맛 - 에 따른 유리 아미노산의 조성에도 매우 유리하게 작용하였다. 한우 등심 내 '쓴맛'으로 분류되는 유리 아미노산들은 카페인 등을 섭취할 때 느끼는 '쓴맛'과는 다른 개념이며, 한우 등심 내 '쓴맛' 관련 유리 아미노산들은 '감칠맛'과도 연관이 있기 때문에, 한우고기의 장기간 숙성은 '맛'의 관점에서 매우 유리한 것으로 판단된다.

서동肉의 숙성 전과 숙성 후 한우 등심 내 기능성 펩타이드 조성 변화는 타우린은 피로회복, 사르코신은 기억증진과 남성호르몬 합성, 안세린은 항산화와 피로회복, 그리고 카르노신은 항산화, 항노화 및 숙취해소 효능이 있는 것으로 알려져 있는데 타우린, 사르코신, 안세린 및 카르노신 등 모든 기능성 펩타이드 함량이 한우 등심의 장기간 건조숙성으로 인하여 증가하였으며, 특히 사르코신은 숙성 전에 비하여 4.65배 증가하였다.

서동|치의 숙성 전 (8일)과 숙성 후 (64일) 기능성 펩타이드 조성 변화

펩타이드, mg/100g	시료번호	숙성 전	숙성 후
타우린	7363	29.37	32.85
	9418	10.30	13.02
	5479	17.66	14.07
	1519	18.28	22.95
	4497	11.73	17.73
	평균	17.47	20.12 (↑2.65)
사르코신	7363	1.13	1.96
	9418	1.00	2.69
	5479	0.00	1.91
	1519	0.00	1.46
	4497	0.00	1.98
	평균	0.43	2.00 (↑1.57)
안세린	7363	60.82	61.78
	9418	75.49	85.08
	5479	65.65	60.31
	1519	50.00	57.17
	4497	46.43	61.86

펩타이드, mg/100g	시료번호	숙성 전	숙성 후
안세린	평균	59.68	65.24 (↑5.56)
카르노신	7363	345.28	317.27
	9418	337.88	380.77
	5479	303.67	294.76
	1519	342.13	378.93
	4497	326.83	427.55
	평균	331.16	359.86 (↑28.7)

서동肉 60일 이상 건조숙성 시킨 한우 등심에 대하여 육질을 분석한 결과,

    1. pH가 증가하였으며,

    2. 지방의 융점에는 유의한 차이가 없었으며,

    3. 포화지방산은 감소한 반면, 불포화지방산이 증가하였고, 따라서 단가불포화지방산 / 포화지방산 비율이 증가하였으며,

    4. 유리 아미노산 함량이 평균 4배 증가하였으며, 특히 '감칠맛'과 관련이 있는 글루탐산 함량이 숙성 전에 비하여 최대 14.76배 증가하였으며,

    5. 타우린, 사르코신, 안세린 및 카르노신 등 모든 기능성 펩타이드 함량이 증가하였으며, 특히 사르코신은 숙성 전에 비하여 4.65배 증가하였다.

첨언 : 단가불포화지방산은 탄수화물, n-6 또는 n-3 다가불포화지방산에 비해 혈압의 유지 또는 강하에 효과가 있으며, 특히, 포화지방산에 비하여는 현저한 감소를 나타내었으며, 고혈압 환자를 대상으로 단가불포화지방산과 다 가불포화지방산 식이 섭취 비교 연구에서는 올레산이 다량 함유된 올리브 오일을 섭취한 군에서 혈압이 유의하게 감소하였다.

― 인체에 유익한 단가불포화지방 증대, 한우고기 생산 기술 개발 보고서 중

이상의 시험 결과를 종합해 보면, 서동肉 60일 이상 건조숙성 한 한우등심의 '맛' 특성은 pH, 융점, 불포화지방산 및 유리 아미노산 조성 등이 복합적으로 작용하여 나타나는 것으로 보이며, 올레인산 등 단가불포화지방산을 비롯한 기능성 펩타이드의 함량이 증가한 것으로 나타났기 때문에 인체 건강에도 매우 유리할 것으로 판단된다. 고 최창본 교수팀은 발표하였다.

맺음말

8

이 자연과학의 기술인 '숙성'을 통해 사람에게 이롭고 맛있는 肉을 선물하는 저와 여러분이 되기를 희망한다.

끝으로 한국인은 특성상 쫄깃쫄깃 씹는 맛이 있으며, 부드럽고 고소한 갈비살을 보편적으로 좋아하는데 50일 이상 건조숙성 한 서동肉의 갈비해체와 정선을 통해 한우 갈비부위별로 맛의 차이를 알아보고 여러분과 직접 눈과 입으로 맛보는 시간을 가져보도록 하겠다.

서동한우 (주)SD푸드 대표 유 인 신

제3부

고기와 '시그니처 소시지'

우리나라 식육유통 형태의 3번째 큰 변화

1

식유유통의 혁신

고려/조선시대 ~ 1970 중반		**생고기 시대** - 당일 도축, 당일 판매 - 전 부위 동일가격, 정육점 허가제
1970 중반 ~ 1990년	1차	**냉동육 시대** - 경제부흥으로 외식업 팽창, 냉동설비 보급, 정육점 신고제, 냉동수입소고기 유통, 삼겹살 위주 소비, 대기업 육가공 참여
1990년 ~ 2020년	2차	**냉장 브랜드육 시대** - 수입개방으로 정부 주도형 축산물 유통구조 현대화 사업 - 식육즉석판매가공업 신설(2013. 10)
2020년 ~	3차	**숙성육 시대 도래** - 소·돼지 전 부위 활용, 고부가가치 상품화 기술을 바탕으로 인기부위의 숙성육 취급 - 가치소비시대 민간주도형 혁신

가. 생고기 시대

고려와 조선 시대를 거쳐 지난 1970년대 중반까지는 커다란 변화 없이 당일 도축한 고기를 당일 판매하는 생고기 시대였었다. 식육을 다루는 사람과 그들의 업을 천시하며, 한 번 백정으로 태어난 사람은 평생을 백정으로 대물림하여 살아야 했던 사람들만의 직업이었다. 이때까지는 사실 어렵게 살던 시절이었기에 고깃국에 흰밥을 먹을 수 있었던 날은 명절 아니면 생일뿐이었다. 특히 우리 민족에게 소라는 가축은 매우 영특함과 희생의 상징으로서 귀하게 여겼을 뿐만 아니라 돼지는 농가의 소득원으로서 역할을 담당하였던 食口들이었다.

나. 냉동육 시대

70년대 초 열사의 땅 중동에 나가 오일달러를 벌어 오셨던 분들의 노력과 함께 경제개발 5개년 계획이 산업화를 앞당기며 우리나라는 초고속 성장을 이루기 시작하면서, 외식산업 역시 급속도로 성장하였다. 새로 생기는 음식점이 고기집이었으니 식육의 소비량 또한, 감당하기 어려울 정도로 늘어나 당시 도축장의 시설로는 생고기 상태로 유통하기에는 너무나 비위생적이어서 국가에서는 냉동설비를 권장하기 시작하였고 70년대 말에는 대부분의 정육점이 "고기는 냉장고에"라는 팻말을 진열대에 붙여 놓고 꽁꽁 얼린 냉동육을 썰어 팔기 시작하였다.

이때까지만하여도 소·돼지 전 부위를 정부 고시가격으로 똑같이 판매하던 시절이었기에 정육점 주인이 썰어주는 대로 받아갔다가는 질겨서 못 먹는 경우가 발생하곤 하였다. 성능이 별로 좋지 않았던 냉동설비로 고기를 천천히 얼리는 과정에서 사후강직이 일어나 굉장히 질긴 상태의 고기가 만들어졌는데, 이것이 냉동육이었던 것이다. 이때부터 소비자들은 조금이라도 풍미를 더 느낄 수 있는 부위를 선호하기 시작하여 돼지고기의 삼겹살과 목살, 그리고 소고기의 갈비와 등심이 인기를 얻게 된 것이다. 때마침 정육 판매가격 자율화와 함께 부위별 차등 가격제가 시행되어 비선호부위의 적체 문제가 식육업계의 고질적인 문제점이 되기 시작하였다.

다. 냉장 브랜드육 시대

우르과이라운드 협상이 종료되고, '1990년대 중반 WTO체제가 열리면서 축산물 수입자유화에 관한 일정이 공표되었다. 이에 따라 수입 축산물에 대응할 수 있는 경쟁력을 갖추기 위하여 축산정책 당국은 축산발전기금을 활용한 축산물 유통구조 현대화 사업을 펼치기 시작하였다. 한우 고급화 사업을 비롯한 도축장 현대화 사업, 양돈 계열화 및 수출 단지화 사업 등을 전개하는 과정에서 냉장 브랜드육들이 등장하였다.

"하이포크", "도드람포크", "크린포크" 등의 돈육브랜드들과, "횡성한우", "대관령한우", "팔공산한우", "녹색한우", "장성한우", "순천한우" 등의 우육브랜드들이 만들어져서 적극적인 마케팅을 펼치기도 하였다. 이러한 노력들은 '축산물등급판정제도', '식육처리기능사 자격제도', '축산식품 위해요소중점관리(HACCP)제도' 등의 도입과 '축산물종합처리장(LPC)'이라는 이름으로 각 도마다 도축장의 현대화 사업이 추진됨으로써 우리나라의 축산물 유통구조에 일대 혁신을 가능하게 하였던 것이다. 한편 90년대 들어 구제역이다 조류인플루엔자(AI)다 하는 가축질병 사태가 연이어 터져 나오면서 돼지고기 일본 수출이 중단되고, 미국에서 발생한 광우병 사태로 미국산 쇠고기 수입이 전면 금지되기도 하였다. 급기야 2010년도에 발생한 구제역 사태는 호남 일부 지역을 제외한 전국으로 확산되어 약 300만두의 돼지와 30만두 이상의 소를 땅에 묻었고, 시중에서는 돼지고기를 구하기조차 어려웠던 때가 있었다. 현금다발을 들고 마장동에 나가 돈후지를 kg당 8천2백원에 구입했었던 기억이 떠오른다.

당시 모든 축산관련 정부기관이 가축방역에 매달린 결과 1년여 만에 사태는 진정되었으나 이후 빠른 속도로 재입식되는 과정에서 과잉 사육두수로 공급이 수요를 앞지르는 현상으로 소 값이 급격히 하락하는 현상이 나타나기 시작하였다. 여의도 광장에는 머리띠를 두른 축산단체 회원들의 상경 투쟁이 벌어지고 있었고, 정부는 소 값 안정을 위해 암소 도태를 권장하는 정책방안을 시행하기도 하였다. 아울러 물가관계 장관 회의가 정기적으로 열리는 가운데 2012년 어느 날 회의에서 축산물 가격 안정화 대책으로 '이제는 우리나라에서도 정육점 내에서 즉석육가공 및 판매를 허용해야 하지 않겠는가?' 라는 의견이 개진되었다고 알려졌다.

그 후 농림수산식품부와 보건복지부의 협업으로 축산물위생관리법 시행령 개정이 이루어졌고, 그 결과 '식육가공업'과 '식육판매업' 사이에 "식육즉석판매가공업"이 신설되었던 것이다. 이로써 독일의 메쯔거라이처럼 정육점 내에서 선호부위는 정육상품으로 판매하고, 비선호부위인 저지방육을 활용하여 다양한 육제품을 즉석에서 가공하여 판매할 수 있는 고부가가치형 신개념 정육점의 등장이 가능하게 된 것이었다.

라. 숙성육 시대의 도래

2013년 10월, 드디어 시행령이 공표되고, 시행규칙들이 일선 지자체에 하달되면서 2014년 초부터 기존 식육판매업으로 운영하던 정육점들이 일부 가공설비들을 갖추고 식육즉석판매가공업으로 업종 전환하기 시작하였다. 필자는 당시 식육판매업 종사자들의 직능단체인 축산기업중앙회에서 회원들을 대상으로 하는 식육교육센터로서 "미트스쿨"을 설립하여 우리 실정에 맞는 독일식 도제양성 방식으로 직업교육 및 훈련을 시작하고 있었다.

식육즉석판매가공업의 성공적 운영을 위하여 필수적으로 습득하여야 할 기술을 다섯 단계로 나누고, 각 각의 단계를 처음부터 본인들이 직접 참여하는 방식으로 이론과 실기를 동시에 배우고 익힐 수 있도록 하였다.

첫 번째 단계는 뼈를 포함한 정육 상품화를 위하여 필요한 발골·정형 기술이었다. 예를 들면 티본스테이크의 포션 커팅이라든가, 뼈 포함 포크커틀렛의 상품화 등 드라이 에이징 비프 & 포크를 위한 기술들이었다.

두 번째 단계는 비가열 육제품, 즉 양념육, 분쇄육으로서의 떡갈비나 돈가스 제조 기법이었다. 이것은 사실 큰 비용 투자 없이 기본 원리만 익히면 당장이라도 현장에 접목시킬 수 있는 아이템들이었다. 정육점표 양념육, 돈가스가 누구든 쉽게 취급할 수 있는 품목임에도 별반 매출증대에 도움이 되지 않는 이유는 상품으로서의 맛과 품질 균일화가 유지되지 못한 이유가 크다는 사실을 이해시키며, 일정한 품질 유지를 위한 핵심 원리를 습득하도록 하였다.

세 번째 단계는 햄·소시지·베이컨 등의 가열 육제품의 제조 기법이었다. 그 중에서도 연기가 많이 발생하는 훈연제품들은 판매장에서 취급하기가 어려우니 모든 식품첨가물들을 배제하고, 순수한 고기와 물과 소금으로 약간의 허브와 함께 조금씩 만들 수 있는 구이용 무첨가 소시지들을 집중적으로 체험해 볼 수 있도록 하였다. 훈연제품이나 염지기간이 긴 육제품 등은 후방의 공급기지인 공동 제조장을 활용하는 방안을 마련해 두었다.

네 번째 단계는 앞서 익힌 정육상품, 비가열육제품, 가열육제품들을 활용한 즉석메뉴의 조리 기법이었다. 티본스테이크의 팬프라이, 구이용 소시지 굽기, 고기빵, 떡갈비 오븐구이, 슈니첼(돈가스의 오리지널) 딥프라잉, 그리고 이들을 이용한 핫도그, 햄버거, 샌드위치 만들기와 스테이크, 슈니첼의 가니쉬를 활용한 메뉴 세팅하기, 그 밖에 굴라쉬 스프 만들기, 부대찌개 만들기 등등 다양한 메뉴 취급 요령을 습득토록 하였다.

다섯 번째 단계는 진열상품 만들기와 상품진열하기 및 판매 테크닉이었다. 아무리 훌륭한 제품을 다양하게 만들어 놓은 들 팔리지 않으면 도루묵이라는 실패의 경험들을 살려 어떻게 해서든 시작하는 순간 이익을 실현할 수 있는 방법을 제시하고 싶었다.

오랜 기간 정육점을 운영해 오셨던 분들 중에서 앞서가는 생각을 품어 오셨던 분들이 처음 교육과정에 입교하여 훈련을 받았다. 대부분 제일 손쉽게 접할 수 있는 비가열 육제품 제조 실습을 선택하였고, 떡갈비, 돈가스, 양념육 등을 만들어 보던 중에 실습 제품의 일부를 갖고 가게 하여 집안 식구들이나 손님들에게 맛 좀 보여주면서 미리 반응을 살펴보라 하였더니 모두들 맛있다고, 언제부터 만들 거냐며 보채더라는 것이었다. 2개월여가 지난 어느 날 교육생 세 분이 찾아와 당장 정육점에서 떡갈비를 취급하면 안 되겠는가 묻는 것이었다.

컨벡션 오븐 한 대를 구입하여 주인이 직접 배운 대로 잘 팔리지 않던 kg당 3천 원짜리 돼지 뒷다리 부위를 갈아 떡갈비를 만들어 구운 것을 100g에 1만5천 원에 팔아보니 잘나가는 것이었다. 하루에 30만 원에서 50만 원의 매출을 올리며, 한 달 정육판매 외의 추가 매출이 약 1천만 원에서 1천5백만 원 정도가 발생하는 것이 아닌가? 여기에 들어간 비용은 장비 한 대 구입한 것 외에는 아무것도 없었다. 재료비만 원가로 계산하면 나머지는 그대로 이익이 되는 셈이었다. 정육점을 운영하면서 한 달에 추가로 5~7백만 원의 순이익이 발생하는 일이 정녕 가능하다는 말인가? 당사자들은 물론 다른 교육생들도 놀라긴 마찬가지였다.

비록 떡갈비 한 품목으로 입증된 즉석육가공 기술의 효력이었지만 이로써 식육즉석판매가공업의 사업성은 충분히 검증되었던 것이다. 소·돼지 전 부위를 직접 발골·정형하여 선호부위는 더욱 맛있게 숙성시켜 정육 상품으로 차별화시키고, 저지방육들을 가공하여 부가가치를 높인 편리한 식품으로 상품화시킴으로써 가치소비시대 민간 주도형 식육유통구조 혁신이 가능하리라 기대해 본다.

이 시스템은 필자가 지난 1989년 12월 올림픽상가 내 "마이스터델리"라는 독일식 메쯔거라이를 오픈한 이래 2018년 5월 한국4-H회관 1층에 또다시 "마이스터델리"를 소환하여 개설하였던 30년간의 경험을 바탕으로 기획된 것이다. 우리나라에서 식육즉석판매가공업이 성공적으로 운영되기 위해서는 식육가공업으로 운영되는 공동 제조장 또는 공유 육가공장(Shared Meat Factory)의 뒷받침이 필수적이고, 이곳과 연계된 판매 위주 식육즉석판매가공업으로서의 신개념 정육점(Meat Deli Shop)이 상호 시너지를 만들어 낼 수 있어야만 한다.

가내수공업 방식의 소량 다품목 생산 시스템으로 운영되는 식육가공장 시설을 공동 투자 형태로 공유하거나, 초기 투자자가 이러한 시설을 갖추고 즉석육가공 기술을 갖춘 자격 보유자에게 육가공 설비를 임차하여 제품을 생산할 수 있도록 하는 공유경제 패러다임으로 운영할 수도 있을 것이다. 이러한 방식은 초기 설비투자에 대한 위험부담을 분산시

킴으로써 기술습득에만 집중하여 준비하면 적은 자본으로 안정적인 창업을 가능하게 할 수 있을 것이다. 이들이 연대하여 공동 마케팅 전략을 수립한다면, 이 또한 광고, 홍보, 판촉 등의 비용대비 효과를 극대화시키는 방안이 마련될 것이다.

만일 우리나라 축산단체의 출구 전략으로 이와 같은 시스템을 접목시켜 시장 개척에 나선다면 향후 5G로 대변되는 초연결사회, 급변하는 4차 산업혁명 시대에 안정적이며 지속 가능한 축산식품 공급가치사슬을 구축할 수 있게 될 것이다. 우리나라의 축산업은 대량생산, 대량유통 구조하에서는 경쟁력을 갖추기 어렵다고 본다. 수공업 방식의 축산식품 유통채널과 연계되어 건강한 먹거리를 원하는 고객들과 소통할 수 있을 때 비로소 살아남을 수 있을 것이다. 수입 관세가 모두 사라지는 시기에 수입 축산물과 경쟁하기 위하여는 이 방법밖에 선택의 여지가 없어 보인다.

 고객 접점에서의 감동 서비스란 고객의 욕구를 충족시켜 주는 일이라고 생각한다. 고객의 욕구란 충족되어도 그만, 안되어도 그만인 선택사항이 아니라 충족되지 않을 때는 뒤도 돌아보지 않고 외면해 버리는, 반드시 갖추어야만 하는 필수사항인 것이다. 먹거리로서의 축산물 및 축산식품에 대한 고객의 욕구란 무엇일까? 필자는 건강한 먹거리, 안전한 먹거리, 깨끗한 먹거리, 편리한 먹거리 그리고 경제적인 가격이라고 생각한다.

가장 건강하고, 안전하며, 깨끗한 먹거리를 편리하게 만들어 시장에 내어놓아도 고객이 납득 할 만한 가격이 아니면 팔리지를 않는다는 불편한 진실을 그동안의 수많은 시행착오를 통하여 깨닫게 된 것은 최근의 일이었다. 그렇다면 가장 좋은 것을, 가장 저렴하게 판매 할 수 있는 방법은 무엇일까?

그것은 고객의 욕구를 모두 충족시키면서 가능한 한 많은 시장 참여자들이 모여 가치를 공유하며 공동 구매, 공동 제조, 공동 마케팅을 실현하는 일이다. 그런 의미에서 고객이 필요로 하고, 고객이 불편해하며, 불만스러운 부분을 우리가 대신 해결하겠다는 노력이 감동을 끌어내어 팔리는 상품과 서비스를 제공하는 비결이 되는 것이다.

시그니처 소시지 제조 비법

2

가. 원료육 구매 전략

식육즉석판매가공업을 통하여 고객의 욕구를 충족시키기 위한 첫 번째 할 일은 건강한 고기를 원료로 확보하는 것이다. 우리에게 소·돼지고기 전 부위를 가공하여 상품화 할 수 있는 기술이 있다고 전제할 때, 그 원료로서의 식육은 마블링이 좋은 고급육으로서의 소고기가 아니라 건강하게 길러진 어린 소로부터 얻은 소고기이어야 한다. 왜냐하면, 비선호 부위를 다양한 가공품의 원료로 활용하면서, 선호 부위를 맛있게 숙성시키기 위한 소고기는 등급이 낮은 건강한 어린 소일수록 유리하기 때문이다. 솔직히 거세하여 장기 비육시킨 1^+, 1^{++}짜리 소 등심, 안심, 채끝을 40일, 60일, 90일씩 숙성시키는 것은 넌센스인 것이다. 지방은 냉동보관 중에도 산패가 진행된다. 얼굴이 찡그려지는 기분 나쁜 냄새가 나는 숙성육은 잘못 숙성된 고기임에 틀림이 없다. 제대로 숙성된 소고기에서는 향긋한 치즈 향이 부드럽게 난다.

한우	항생제 주사 NO 호르몬 주사 NO 적당한 운동 YES • 친환경 축산농가 직거래 • 미경산우 및 2산 이하 어린 암소, 20개월 전·후 어린 황소 매입 • 사육 원가 + 충분한 마진 보장 • 생산 실명제 시행 ※ 구매력 확보 시까지는 한우 2등급 거세우 취급
돼지	• 동물복지, 무 항생제 • 친환경 사육 프로그램, 충분한 운동 내지 방목사육, 사육기간 7~8개월(거세) • TMR 사료 급이(단백질 함량) • 건강한 가축 생산농가 직거래 • 생산 실명제 시행 ※ 구매력 확보 시까지는 한돈 2등급 규격돈 취급

돼지고기도 천편일률적인 품종과 체중과 사육일수 등을 맞춘 공장식 사육이 아니라, 적당한 운동과 단백질 함유 사료 급이로 체력과 면역력을 높여 무항생제, 친환경 사육방식으로 기른 건강한 돼지로부터 얻은 고기가 역시 보수력, 유화력, 결착력 등 가공적성도 뛰어나고, 숙성시켰을 때의 고기 맛도 탁월하게 되는 것이다. 돼지고기는 나이 어린 가축으로부터 얻은 고기이므로 그 자체가 부드럽다. 마블링 상태에 따른 등급판정은 문제가 있다고 본다. 특히나 전 부위를 활용하여 숙성육이나 육제품으로 즉석 가공하는 경우에는 더욱 그러하다.

이처럼 동물복지 개념의 사육환경과 신사적인 가축 몰이로 깨끗하게 도축된 소·돼지 고기를 구입하기 위하여는 추가 비용을 지불 해야만 한다. 따라서 여러 사람이 모여 공동 구매하는 방식이 필요해지는 이유가 원가를 절감하기 위한 선택이기 때문이다.

나. 고기 가공을 위한 상식

건강하고 깨끗한 원료육을 확보하였으면 이제부터 편리한 고기로서 가공하기 위하여 알아두어야 하는 몇 가지 사항을 살펴보기로 하자.

우선 식육의 사후 변화에 관한 내용이다. 모든 동물은 도살 후 일정한 시간이 경과 하는 동안 살아있는 근육으로서의 특징이 남아있게 된다. 소의 경우 대략 도살 후 6~8시간 정도 유지되는데 이것을 우리는 생고기 또는 온도체 식육이라 부른다. 이때까지는 근육 속에 에너지를 함유하고 있는 물질인 아데노신트리포스페이트(ATP)라고 하는 인산염과 글리코겐이라는 육당분이 많이 남아있는 상태이다. 보수력과 결착력이 우수하여 육회거리 또는 생고기 주물럭 등으로 사용되어왔던 고기이다.

그러나 이 시간이 경과하면 인산염이나 육당분이 급속하게 분해되기 시작하여 근육은 산성화되어간다. 근섬유의 길이가 짧아지고, 근섬유를 싸고 있던 콜라겐 단백질 등이 두꺼워 지면서 고기는 질겨지고, 보수력이 저하되어 이때의 고기를 삶으면 수분이 대부분 빠져나와 퍽퍽한 상태가 된다. 이러한 현상을 가리켜 사후강직이라 부른다. 근육의 pH가 약 5.4까지 저하되며 소의 경우는 도살 후 약 72시간, 돼지의 경우에는 약 24시간 경과 되었을 때 가장 질기고 맛없는 상태가 되는 것이다. 사후강직 중의 고기는 판매하지 말아야 하고, 가공하는 것은 더욱 피하여야 한다. 과거 모든 고기를 꽁꽁 얼려서 판매하던 냉동육이 질기고 맛없었던 이유가 바로 사후강직 중의 고기였기 때문이었다.

식육의 산성화가 최대한 이루어지면 근육 속에 있던 단백질 분해효소가 활성화되면서 근섬유가 다시 이완되고, 단백질은 아미노산으로 분해되기 시작한다. 고기는 점점 깊은 맛을 띠게 되고, 부드러워지며 보수력도 좋아지는 현상이 나타나는데, 이를 가리켜 숙성이라 하는 것이다. 따라서 돼지고기를 가공하는 경우 도살 후 최소한 3~4일 경과 한 것을 원료로 사용하여야 하고, 마블링이 적은 어린 소고기의 숙성을 위하여는 드라이에이징의 경우 최소 30일 정도, 웻에이징(wet again 습식숙성)의 경우 약 2주간의 기간이 필요하게 된다. 뼈를 포함한 돼지고기 등심이나 삼겹살의 경우도 약 2주간의 드라이에이징 한 것은 스테이크로 조리하기에 적합한 재료가 될 수 있다.

근육 속에 함유된 단백질 분해효소는 계속해서 아미노산을 분해하여 pH 8 이상 되면 결국 암모니아와 황화수소 가스를 만들어 내게 되면서 녹변 현상이나 표면에 끈적끈적한 슬라임이 나타나는 부패육이 되는 것이다. 이때 지방 산패취도 함께 나타난다.

식육즉석판매가공업의 성공을 위하여는 깨끗하게 도축된 돼지 지육을 3분할 상태로 입고하여 직접 발골·정형하는 작업이 필요하다. 왜냐하면, 우리나라의 식육유통 관행이 지육으로부터 무조건 뼈를 모두 제거한 부

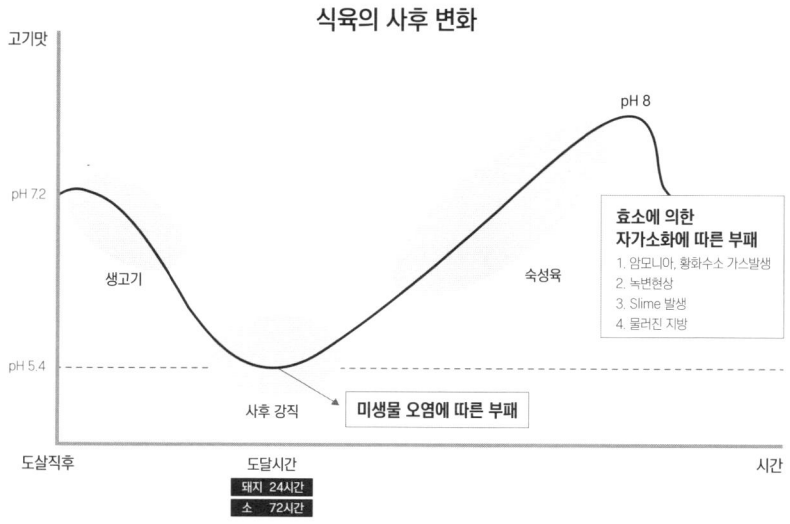

분육으로 진공 포장하여 상품화하기 때문이다. 뼈 부착 정육을 조미하거나 염지하여 가공하는 것이 훨씬 부가가치를 높일 수 있는 정육상품이 된다.

다. 지육의 발골 정형 기술

발골 및 정형 기술

칼 연마요령 숙지	**천천히** *langsam*
뼈 이름, 부위별 명칭 숙지	
발골작업 요령 - 뼛길 익히기	**정확하게** *richtig*
골발의 원리 - 뼈 부착육 최소화, 근막 손상 최소화	
정형의 원리 - 적육에 지방 최소화, 지방에 적육 최소화	**안전하게** *sicher*
육분류 기술 - 지방함유율 목측	

지육의 발골·정형 작업을 위해서는 먼저 칼 연마 요령을 숙지하여야 한다. 예리하게 연마된 골발도나 정형도를 사용하여 작업하면 발골·정형 작업 자체가 즐거운 놀이가 될 수 있기 때문이다. 칼은 양면을 갖고 있는데 한쪽 면은 고기를 끊어내는 역할을 하여야 하고, 다른 한쪽 면은 썰린 고기를 밀어내는 역할을 해 줘야 그다지 힘을 들이지 않더라도 고기가 가볍게 썰려지는 것이다. 양쪽 면을 모두 갈아버리면 서로 밀어내려고만 하지 잘 끊어주지 못하여 연마한 지 얼마 되지 않아 칼날이 무뎌진 것처럼 되는 것이다. 연신 봉줄에 대고 칼을 쓸어내리는 동작을 하게 되는 이유가 여기에 있다. 끊어내는 쪽은 연마하지 않고, 밀어내야 하는 쪽만 손목의 스냅을 이용하여 둥그스름하게 각도를 주어 연마하는 것이다. 골발도의 경우는 칼의 왼쪽 면을, 정형도의 경우는 칼의 오른쪽 면을 각도를 주어 연마하면 된다.

다음은 뼈 이름 및 부위별 명칭을 숙지하는 일이다. 발골 기술을 처음 익힐 때 이와 같은 명칭을 외워두지 않으면 평생 뼈 이름도 모른 채 식육을 다루게 될 것이다. 또한 뼈의 생김새를 잘 익혀 놓아야 발골 작업을 쉽게 익힐 수 있게 된다. 필자는 이를 위해 돼지 이분체에서 발골한 뼈를 모두 모아 집에서 푹 삶은 후 잘 말린 것을 책상 위에 올려놓고 시간 날 때마다 눈에 익혔던 경험이 있다. 그리고는 무한 반복으로 뼛길 익히기이다.

발골 기술을 익히는 태도로 "천천히", "정확하게", 그리고 "안전하게"를 지키는 것이 중요하다. 필자가 38년 전 독일 연수과정에서 마이스터 선생님으로부터 가르침을 받은 유일한 지침이었다. 대부분의 기술은 어깨너머로 선배들이 하는 모습을 보며 스스로 익히는 견습 과정을 통하여 터득하게 된 것이다. 일주일에 하루를 직업학교에 나가 이론 교육을 받았던 것이 내게는 매우 큰 도움이 되었다.

발골의 원리는 간단하다. 뼈에 살 남기지 마라!, 근막 손상을 최소화하라! 정형의 원리 또한 간단명료하다. 살코기에 지방 남기지 마라!, 지방에 살코기 남기지 마라! 이때 나오는 부스러기 고기를 지방함량에 따라 분류하라! 소량씩 핸드메이드 해야 하는 경우일수록 원료육 분류기술이 일정하여야 한다. 그래야 육제품의 품질이 균일하게 유지될 수 있는 것이다.

라. 지방 함량에 따른 육분류

육분류의 기준을 제시하였다. 눈으로 측량할 수 있는 성분이 지방이기 때문에, 지방함량을 기준으로 분류한 것이다. 이 기준대로 가공육이 준비되어야 배합표가 작성될 수 있고, 배합표 대로 가공할 경우 누가 만들어도 늘 똑같은 품질의 제품이 만들어지게 되는 것이다.

P1	지방함량 5%, 근막, 건, 연골 및 지방을 완전 제거한 살코기
P2	지방함량 25%, 근막, 건, 연골 완전 제거, 지방 일부 제거
P3	지방함량 35%, 살코기와 지방이 섞여 있는 자투리 고기
P4	지방함량 45%, 림프샘 제거한 항정 및 유선 함유 젖꼭지살
P5	지방함량 92%, 살코기를 완전 제거한 등지방

마. 식품첨가물의 이해

다음은 식품첨가물의 세계를 이해하여야 한다.

육가공품에 허용된 식품첨가물 중에 발색제로서의 아질산나트륨과 발색보조제(산화방지제)로서의 에리소르빈산나트륨, 그리고 식품보존료(방부제)로서의 소르빈산칼륨. 이 세종류는 사용할 경우 반드시 표기하여야 하는 의무사항이다.

발색 효과

아질산나트륨의 일산화질소(-NO)가 육색소인 미오글로빈 속에 함유된 철분과 결합하여 니트로소미오글로빈이 만들어지면서 염지적색을 띠게 되고, 이것이 산화, 건조 또는 가열되면 니트로소크로모겐으로 변하여 안정된 염지육색이 나타나게 되는 것이다. 이때 발색에 관여하고 남는 일산화질소가 잔류 아질산근으로서 육제품에 70ppm 이하가 되어야 한다.

아질산나트륨이 발암물질이라는 오해를 받는 이유가 바로 이 아질산근이 높은 온도(600℃ 이상)에 노출될 경우 검게 타는 부분에서 단백질과 결합하여 '니트로자민'이라는 물질이 만들어지는데 이것이 사람의 몸속에 축적되면 암을 일으킬 수 있다는 연구 결과가 알려져 있기 때문이다. 따라서 발색제가 들어가 훈연된 육제품을 숯불구이처럼 직화열로 굽는 일만 없다면, 즉 끓는 물에 살짝 데쳐 먹는 한 아질산나트륨이 암을 일으키는 일은 없다는 것이다. 독일의 경우 구이용 소시지에는 발색제인 아질산나트륨을 첨가하지 않아 흰색의 소시지가 많은 사람들로부터 사랑받고 있다.

그런데 이 아질산근으로서의 일산화질소(-NO)가 몸속에 대량 흡수되면 매우 위험한 일이 발생하는데 곧바로 청색증을 동반한 호흡곤란으로 질식사 하는 경우가 있다는 것이다. 따라서 아질산나트륨의 사용은 전문적인 교육을 받은 사람들만 취급하도록 해야 하는 독성물질임으로 사용에 많은 주의가 요구된다.

독일의 경우는 일반업소에서 아질산나트륨을 취급하는 일은 법으로 엄격하게 금지하고 있어서 인가받은 식염 제조업체에서 만든 염지소금(NPS-나이트리트 피클 솔트)만을 구입하여 사용하고 있다.

발색보조제

육색소인 미오글로빈에는 철분(Fe)이 함유되어 있는데 이 성분은 산소를 보기만 하면 결합하여 산화제이철이 되는 속성이 있다. 이처럼 산화된 철분은 아질산근과 결합할 수 없게 되므로 발색효과가 잘 나타나지 않게 된다. 따라서 철분보다 산소를 더 빨리 결합할 수 있는 산화방지제인 에리소르빈산나트륨을 첨가해 줌으로써 간접적으로 발색효과를 도와주는 역할을 하게 되는 것이다.

식품보존료

일명 방부제라 불리는 식품첨가물로서 육제품에 허용된 성분이 소르빈산칼륨이다. 이것은 비교적 낮은 pH에서 곰팡이균 억제 효과가 큰 것으로 알려져 있다. 사실 인산염을 비롯한 여러 종류의 첨가제를 많이 사용하는 중·저가 육제품의 경우 pH가 높은 편이어서 소르빈산나트륨의 방부효과는 그다지 기대할 수 없는데도 불구하고 지금까지 대부분의 육제품에 사용하고 있는 것은 콜드체인이 갖추어져 있지 못하던 7~80년대 사용하던 습관이 아직도 남아있는 것이 아닌가 생각된다. 필자의 경험으로는 80년대 중반까지도 레토르트식품이었던 어육혼합소시지에 소르빈산칼륨이 사용되고 있었던 것을 수개월에 걸친 보존실험 끝에 제외시킬 수 있었던 웃픈 기억이 있다.

독일의 경우는 아질산나트륨을 제외한 모든 식품첨가물을 제품에 사용할 수 없도록 엄격히 규제하고 있다. 다만 유일하게 허용되는 식품첨가물이 이 소르빈산칼륨이다. 그것도 살라미 같은 건조발효 소시지의 표면에 곰팡이가 피었을 때, 이 곰팡이 제거 목적으로 소르빈산칼륨 2% 수용액으로 표면 세척하는 경우에만 사용할 수 있다. 제품 내부에는 첨가할 수 없다.

건강하게 길러, 깨끗하게 도축한 신선한 고기를 원료로 정규 직무훈련을 받은 식육전문가들이 위생적인 환경에서 정성껏 가공한 수제 육제품들은 식품보존료를 첨가하지 않고도 4℃ 이하 냉장고 내에서 30일 정도의 충분한 유통기한을 보존할 수 있다. 단 아질산나트륨이 함유되지 않은 구이용 소시지들은 가능한 한 냉장고 내에서 일주일 이내에 소비될 수 있도록 취급하는 것이 좋다.

품질개량제

표기 의무사항에는 해당되지 않으나 육제품의 보수력을 개선시킬 목적으로 사용되는 식품첨가물로서 복합인산염이 있다. 이 물질은 사람은 물론 모든 동물의 근육 속에 다량 함유 되어있는 성분으로서 인체에 해를 끼치는 물질은 아니다. 따라서 사용상의 규제를 받거나 하지는 않지만 너무 많은 양을 사용할 경우 입안에 떫은 맛을 남기는 특징이 있어 사용량의 한계를 두는 것이 필요하다. 우리나라의 양돈 환경이 아직은 열악하여 공장식 밀집사육된 돼지의 고기는 근육 속의 복합인산염 함량이 부족한 편이다. 따라서 보수력의 증대를 통한 품질개량의 목적으로 아주 소량 사용하는 실정이다.

천연 항산화제

아스코르빈산 또는 비타민 C라고 불리는 이 물질은 천연에서만 추출할 수 있다고 한다. 이것은 에리소르빈산이라는 산화방지제와 똑같은 분자 구조식을 가지고 있는데 단 한군데, 마지막 탄소에 결합된 성분이 하나는 오른쪽, 다른 하나는 왼쪽에 붙어있어서 이 둘을 이성체라고 부른다. 성능은 똑같은데 하나는 인공적으로 합성이 가능하기 때문에 가격이 저렴하다. 대부분의 대량생산 육제품에는 에리소르빈산을 첨가하고 있으나 즉석에서 소량 가공하는 고급 육제품에는 천연 항산화제인 비타민C를 사용하는 것을 권장한다.

증량제

우리나라에 본격적으로 돼지고기를 원료로 한 축육제품이 등장한 것은 1980년대 초 제일제당 '백설햄'과 롯데햄·우유가 시장에 참여하면서부터다. 초기 이들 회사에서 육가공 제품의 영업을 담당했던 사람들은 주로 설탕과 밀가루를 팔거나, 껌과 과자를 팔던 사람들이었다. 다시 말해 육가공품에 대한 전문지식을 갖추지 못한 판촉사원들에 의해 소비자들과 만나도록 하였고, 이들은 소비자들의 육제품에 대한 표면적인 반응을 그대로 회사에 보고할 수밖에 없었다.

첨가물에 대한 소고

초기 육가공품에 대한 소비자 반응은 두 가지였다. 하나는 '짜다'라는 것과 다른 하나는 '비싸다'라는 것이었다. 첫 번째 '비싸다'라는 반응에 대응하는 방안으로서 비싼 돼지고기 대신에 저렴한 옥수수전분을 사용하는 일이 벌어졌다. 옥수수전분은 호화온도가 높아 소시지의 씹는 맛을 거칠게 만들었다. 나중에 2차 살균이라는 공정이 추가되면서 이 문제는 개선될 뿐만 아니라 유통기한의 연장까지 가능하게 되었다. 다만 고기 함량이 줄어들다 보니 발색효과가 낮아져 천연색소의 첨가가 따라왔던 문제가 있었지만 말이다.

이밖에도 저급원료인 돼지껍질 삶은 돈피묵을 돼지고기 대신 대체하거나 기계골발한 닭고기 또는 칠면조고기 등 저렴한 수입 원료들을 사용하여 제조원가를 낮추려는 노력을 주저하지 않았던 적이 있었다. 오죽했으면 모 대기업의 신제품 개발팀장이었던 필자가 더 이상 내 자식에게 이런 저급 소시지를 먹일 수는 없다는 생각으로 사표를 던지고 지금까지 30년 동안 험난한 자갈밭을 무릎으로 기어서 나와야만 했을까? 돌이켜 보면 건강한 먹거리로서의 육가공품을 고객들에게 제공해야만 한다는 사명감이 나를 지켜왔던 것이 아닌가 생각한다.

두 번째 '짜다'라는 반응에 대해서는 소금함량을 낮추면서 대신 설탕이나 MSG의 사용량을 늘리는 것이었다. 초기 육가공품의 주 용도는 어린이 간식이나 도시락 반찬용이었으므로 아이들 입맛에 맞추지 않을 수 없었던 것이다. 소금함량을 낮추게 되면 당연하게 따라오는 현상이 유화력, 결착력의 저하인 것이다. 따라서 대두단백(ISP)이나 유단백(카제이네이트), 또는 난백(EP) 등이 유화제로 사용되고, 글루텐, 산탄 껌 등이 결착제로 사용될 뿐만 아니라, 사용하지도 않은 소고기 맛을 내기 위하여 '비프후레바'를 쓰기도 하고, 훈연시키지도 않고 불맛을 낸다는 핑계로 '스모크후레바'를 사용하기도 한다.

이런 육제품을 만드는 사람들은 소비자들의 건강은 뒷전이고, 이익을 추구하는 일이 우선인 봉급생활자들이 대부분일 것이 틀림없다. 만일 주인이 직접 육가공 기술을 갖추고, 내 가족이 먹을 육제품을 만든다 생각하면 이런 식품첨가물의 오·남용이나 고기 아닌 저급 재료를 사용하여 햄·소시지들을 만들 수 있겠는가 말이다. 식육즉석판매가공업은 주인이 직접 고객을 대상으로 고기를 가공하여 편리하게 먹을 수 있도록 서비스하는 새로운 개념의 식육전문점인 것이다. 가급적 식품첨가물의 사용을 배제하고, 꼭 필요한 경우에는 독일의 엄격한 규제를 따르면서 오직 신선한 고기와 물, 그리고 소금과 약간의 허브만으로 만드는 육제품을 목표로 하는 것이 필자가 운영하고 있는 "Human Metzgerei – Humme"의 Mission이다.

바. 염지소금 만들기

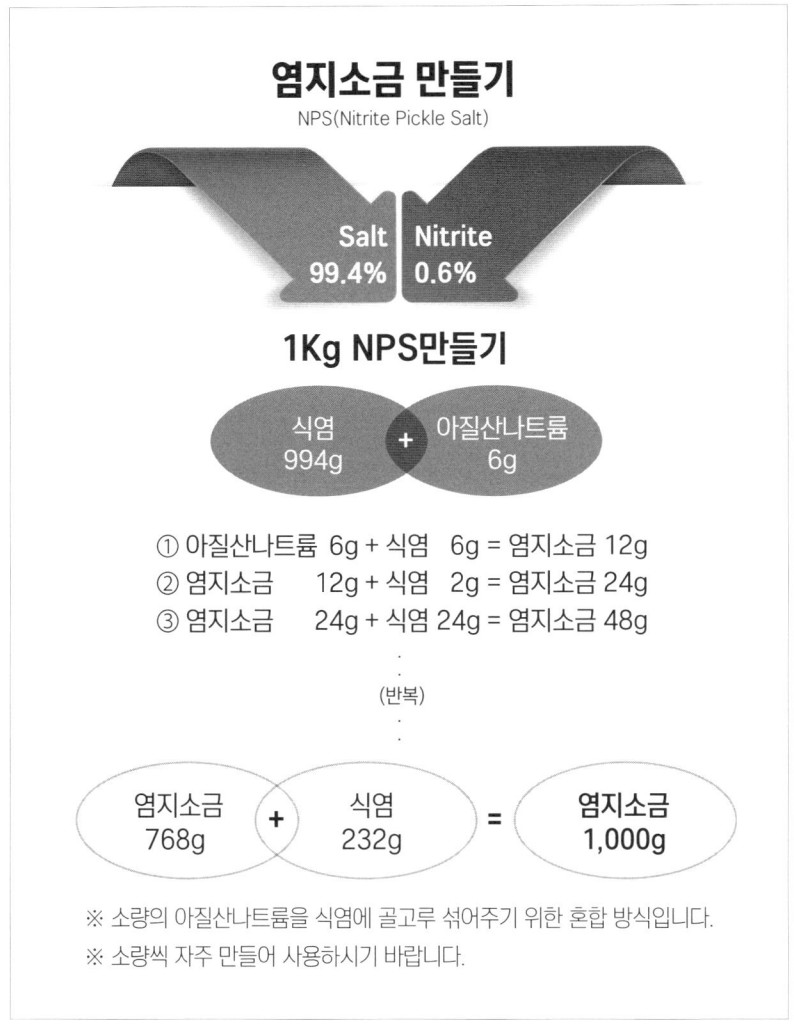

아질산나트륨이 발색제로서의 기능을 갖고 있다는 사실이 알려진 것은 유럽의 문예부흥 시기에 과학문명이 발전하기 시작하면서 화학 분석 기법이 등장하고, 원소기호가 제정되면서 고기를 가열하여도 색깔이 붉

게 남아있는 경우가 이 아질산나트륨이라는 성분 때문이라는 사실이 밝혀진 때문이었다. 그 이전까지만 하여도 오랜 세월 동안 지중해 어느 해안에서 채취된 소금으로 고기를 절여 놓으면 고기를 익혀도 색깔이 죽지 않는다는 사실을 경험으로만 알고 있었던 것이다.

앞서 설명했던 것처럼 아질산나트륨의 취급은 아주 조심스럽게 이뤄져야 한다. 이제 업소에서 염지소금을 만들어 사용하는 경우 그 만드는 방법을 제시하고자 한다.

아질산나트륨을 소금에 섞어 사용하는 이유는 소금이 너무 많이 사용되면 음식이 짜서 먹을 수 없으므로 자연스레 사용량이 제한되기 때문이다. 일단 육제품에 고기함량 대비 소금 함량을 2% 정도 첨가한다고 보고, 이 소금에 0.6%의 아질산나트륨을 섞어 주는 것이다. 즉 994g의 소금에 6g의 아질산나트륨을 혼합시키는데 너무 소량이므로 한꺼번에 투입하고는 아무리 잘 흔들어 주더라도 전체 소금에 골고루 섞이는 것은 불가능에 가깝다. 따라서 맨 처음에는 아질산나트륨 6g에 소금도 6g을 섞어 골고루 흔들어 준다. 그러면 12g의 염지소금이 된다. 여기에 다시 12g의 소금을 섞어 주고는 다시 잘 흔들어 준다. 이처럼 염지소금과 소금을 1:1로 섞어가다 보면 1kg에 조금 모자라는 소금만 섞으면 될 때, 그 마지막 소금을 투입하고 잘 섞어 주면 드디어 1kg의 염지소금이 만들어지는 것이다. 조금은 귀찮은 일거리가 될지도 모르지만 제품을 만들 때 발색불량이 나오지 않도록 하려면 이 정도의 수고는 감수해야 할 것이다.

요즘 미국산 염지소금(핑크솔트?)이 소량 포장되어 수입되는 것 같은

데 아질산나트륨의 함량을 확인해보면 6.28% 인가로 표기되어 있었다. 이 경우 염지소금을 육함량 대비 2%를 첨가했다가는 아질산나트륨을 10배 이상 첨가하는 셈이 되어 문제가 될 수 있다. 따라서 이 염지소금은 0.2%만 사용하고 나머지는 일반 소금으로 1.8%를 첨가해 주는 방법으로 사용해 주기 바란다.

사. 양념재료의 선택

대량생산 방식으로 만들어져 유통에 나오는 육가공품과 소량 다품목 생산방식으로 만드는 핸드메이드 육가공품의 품질과 맛은 확연히 다르다. 기업형 육가공품은 우선 규격이 일정하다. 불특정 다수의 입맛을 맞추려 하다 보니 대충 단맛 위주의 비슷비슷한 맛을 띄게 된다. 보존성을 염두에 둘 수밖에 없으니 천연 향신료나 생 양념 채소를 사용하는 것은 부담이 될 수밖에 없다.

이 같은 기업형 대량생산품과 차별화시킬 수 있는 식육즉석판매가공업의 수제 육가공품은 우선 외관에서 무정형의 천연케이싱을 사용한다. 고객을 마주하며 판매가 이루어지니 맞춤 서비스가 가능하여 각 제품별 특징을 제대로 설명할 기회가 주어지므로 제품별 특징적인 맛과 품질을 유지할 수 있다. 또한 필요한 양만큼만 자주 이용할 수 있는 업종의 특성상 유통기한의 제한에 구애받지 않고 다양한 제품을 취급할 수 있으므로 생 파, 마늘, 생강, 고추, 부추, 양파 등의 양념 채소를 자유롭게 사용

※ 대부분의 메쯔거라이에서는 제품별 복합향신료를 사용한다.

할 수 있다. 이것들로 맛을 낸 즉석제조한 소시지를 방금 삶아 뜨끈뜨끈한 채로 시식을 시켜보면 맛이 없을 수가 없다. 구매로 이어지는 것은 물론이다.

모든 음식의 맛은 짠맛이 기본을 이룬다. 특히 육제품의 경우 식염의 사용량이 일정 수준을 유지하여야 보수력, 유화력, 결착력 등의 품질을 유지할 수 있게 된다. 유화형 소시지의 제조를 위하여는 불순물이 완전히 제거된 정제염을 사용하여야 한다. 장기간 염지·발효시키는 생햄을 제조하는 경우에는 굵은 소금, 즉 천일염을 사용하기도 한다. 소금의 사용량은 고기함량 대비 5%에 이르기까지 많이 첨가할수록 보수력이 증가하는 것을 확인할 수가 있다. 그러나 일정 수준이 넘으면 너무 짜서 먹을 수 없게 되므로 약 2%를 첨가하는 것이다. 맨입에 먹는 소시지의 경우에라도 최소 1.8%의 소금함량은 유지되어야 한다. 그 이하로 낮아지면 앞서 설명한 것처럼 별도의 식품첨가물을 사용할 수밖에 없는 경우가 발생한다.

짠맛을 덜 느끼게 하는 재료는 단맛을 내는 감미료들이다. 주로 설탕이나 물엿 등이 사용되는데 인공감미료인 MSG 역시 감칠맛을 더해주는 재료이다. 천연 감미료로서 벌꿀이나 감초, 또는 과일즙 등을 사용하는 경우도 있는데 문제는 사용량이다. 단맛이 너무 강하면 어쩌다 한 번 먹는 간식이나 반찬으로 사용할 수는 있지만 매일 주식으로 먹는 음식이 될 수는 없다. 고기를 주식으로 하는 서양인들의 경우 고기음식에 관한 한 MSG나 감미료의 사용은 재료 본연의 풍미를 최대한 살리면서 전체적인 맛을 살짝 들어 올리는 정도로만 사용하여야 한다고 얘기하고 있다. 우리도 이 점을 참고하여 평생을 먹어도 질리지 않는 육제품을 만들어 편리하게 자주 먹을 수 있는 건강한 음식으로 소비자들에게 제공하여야 육가공 산업이 지속적으로 발전할 수 있지 않을까 생각한다.

햄·소시지는 우리 입맛이 아니야 하는 얘기를 오래도록 들어왔다. 그 이유는 이들 제품에 사용하는 향신료들이 우리 전통음식에 사용되지 않던 재료들이기 때문이었다. 음식의 맛을 다양하게 표현할 수 있는 것은 어떤 향신료를 사용하느냐에 달려 있는데, 이 향신료들은 대부분 식물의 뿌리, 줄기, 잎사귀, 꽃, 열매들로부터 얻어진다.

본래 서양 사람들도 중세 식민지 개척시대 이전에는 소금, 후추 정도만 고기에 뿌려 먹었었는데 여름철이 되면 상하기 쉬운, 냄새나는 고기를 먹어야 했었다고 한다. 그러다가 아프리카, 인도, 동남아시아, 남아메리카 등지를 항해하며 갖고 들어온 다양한 향신료들에 매료되기 시작하며 더 이상 상한 냄새나는 고기음식을 먹지 않아도 되었다는 이야기가 있다.

된장, 간장, 고추장 등의 장류를 발효시켜 두고, 대부분의 재료들은 즉석에서 끓이고, 지지고, 볶고, 굽는 형태로 조리해 먹었던 우리의 전통음식에 사용된 양념들과는 분명 다른 향신료들이고, 음식 재료 자체를 건조시키거나 발효시켜 보존식품으로 가공하여 먹었던 서양의 식문화와는 분명 차이가 있다.

그러나 다른 지방의 음식이라 할지라도 오랜 세월 접하다 보면 우리 집 음식이 되듯이 햄·소시지 등의 육제품들도 이제 40년이 넘어, 우리 생활 깊숙이 자리하고 있으니 우리 음식이 되어가고 있는 것이다. 특히 즉석 가공하는 육제품의 경우 익숙한 여러 가지 생 양념들을 사용하여 우리 입맛에 더욱 가깝게 다가갈 수 있게 되었다고 생각한다.

요즘의 젊은 생활자들은 외국의 전통음식에 대한 거부감 보다는 호기심으로 접근하는 경우가 많아 햄·소시지들의 경우도 그 나라의 전통적인 향신료를 사용하여 오리지넬리티를 유지하는 제품들을 선호하는 경향이 나타나고 있으니, 서양의 전통음식은 그 방식과 맛으로 만들고, 식육을 다루는 원리를 바탕으로 가공하여 우리 입맛에 맞는 양념 재료나 고명들을 사용함으로써 더욱 친근하게 다가가는 노력을 기울이는 것이 필요하다고 본다.

2019년 올해, 5월에 독일 프랑크푸르트 메세에서 개최되었던 국제식육박람회(IFFA) 행사 중 독일식육인협회가 주관한 "국제육가공품품질경연대회"에 한국의 식육인들 10명이 59가지 품목의 육제품을 출품하여 금메달 47개, 은메달 8개, 동메달 4개를 수상하였던 것도, 역시 독일 마이스터의 기술을 바탕으로 육제품을 가공하여 묵은김치, 유자청, 흑마늘, 인삼, 복분자, 더덕, 흑미, 고사리, 삶은 밤, 돌미나리, 심지어는 오색떡을 입자로 섞는 등, 다양한 우리 전통의 고명이나 양념들을 사용함으로써 독일 마이스터들로 구성된 심사위원들로부터 많은 관심과 찬사를 받았던 경험이 있다.

이제 더 이상 육가공품이 불량식품, 유해식품으로 오인받지 않으며, 건강한 식품, 편리한 식품으로서 기능성을 부가하여 디자인푸드로서의 위상을 찾아가야 할 때가 온 것 같다.

실전 소시지 제조 비법

3

돼지 지육 한 마리를 가져다가 내 손으로 직접 발골·정형하여 삼겹, 목살 등 인기부위는 정육으로 싼값에 팔아 지육 구입가격을 상쇄시키고, 비선호부위인 등심, 안심, 뒷다리 등의 원재료비를 제로로 하여 햄, 소시지, 떡갈비 등을 즉석 가공함으로써 가성비를 극대화시킨 다음, 이것들을 식재료로 하여 정육점표 수제 핫도그, 수제 햄버거, 수제 샌드위치 등 메뉴로 조리한 것을 따끈한 스프, 또는 청량음료와 함께 시중 가격의 반값으로 판매한다면 어떤 일이 벌어질까? 가슴 뛰는 일이 아닐 수 없다.

한 사람이 식육을 다루는 온전한 기술을 익히고, 상품의 단순화, 가격의 단순화를 통하여 가장 좋은 것을 가장 저렴하게 판매할 수 있는 수익모델이 완성되면 이것은 우리나라의 모든 정육점을 대체할 수 있는 게임 체인저가 될 것이라고 믿는다.

자 이제부터는 식육즉석판매가공업의 꽃이라고 할 수 있는 유화형 소시지, 즉 자신만의 시그니처 소시지 만드는 비법을 알아보자.

1 / 유화형 소시지를 위한 재료 준비

- 충분히 냉각된 원료육을 준비한다. (2±1℃)
- 신선한 돼지 등지방(P5)을 준비한다 - 작업 직전 쵸핑한다.
- 충분히 얼려진 얼음을 준비한다. (-7℃이하)
- 양념채소 또는 고명을 준비한다.
- 배합표에 따라 각 원재료를 정확히 계량한다.
- 식품첨가물 및 복합향신료를 계량한다. (최소단위 0.1g 저울)
- 케이싱을 소요량만큼 준비한다.

2 / 가공 기계의 점검

미트 쵸퍼
1. 플레이트와 나이프 연마상태 확인
2. 부품 조립상태 확인 - 최종 플레이트 3m/m, 편마모 여부
3. 잠금링 조임상태 확인

보올카타
1. 나이프 연마상태 확인
2. 나이프와 보올 바닥 간격 확인

핸드스타파
1. 원형 누름판의 고무링 파손 여부 확인
2. 적정 노즐 확보 여부 확인
3. 기포제거용 바늘 준비

쿠킹캐틀
1. 세팅 온도 80℃와 실제 수온 일치 여부 확인
2. 상부 누름판 준비
3. 냉각조에 냉각수 준비

3 / 원료육의 분쇄

1. 원료육의 정형 작업 : 뼈, 연골, 건, 근막 등의 제거
2. 원료육의 절단 : 쵸파 투입구를 통과하기 쉽도록 절단
3. 쵸핑육의 상태 확인 : 선명한 육색, 꽈배기 상태 여부 확인
4. 쵸핑 종료 후 배합표에 의한 육중량 다시 계량할 것

원료육 분쇄

4 / 쵸핑육의 세절 및 유화 Cutting & Emulsifying

1. 1단으로 카팅하며 P3, P2 등의 적육을 보올에 나누어 투입
2. 복합인산염을 골고루 분산 투입
3. 식염 또는 NPS를 골고루 분산 투입
4. 2단으로 카팅하며 전체 얼음량의 2/3를 세번에 나누어 골고루 분산 투입(얼음이 갈려서 고기에 흡수되는 상태를 보아가며 투입할 것)
5. 카팅육의 온도 확인 (-2℃ 이하 도달 여부)
6. 카팅육의 온도가 1℃ 이상 도달하였을 때 P5 지방육을 조금씩 나누어 분산 투입
7. 복합향신료를 골고루 분산 투입
8. 뚜껑을 닫고 카팅육의 온도가 10~12℃ 될 때, 뚜껑을 열고 나머지 얼음 1/3

을 골고루 분산 투입한다. (카팅육의 온도 변화 확인)
9. 최종 카팅육의 온도 14℃에서 멈춘다.
10. 카바를 열고 내부 부착육을 스크랩퍼로 긁어낸다.
11. 카바를 닫고 1단으로 3~4회전 돌려준 후 종료한다.
12. 카팅육(Braet 브랫)을 적당량 뭉쳐 높이 들었다가 세게 내려치는 동작을 2~3차례 반복하여 최대한 기포를 제거한다.

(세절 및 유화)

깨끗한 손(센서)으로 커팅육의 변화를 느껴야만 한다. 원료육 투입순서, 결착력 테스트, 기포 제거, 온도의 변화 등을 컨트롤해야 한다.

5 / 쵸핑육의 혼합 Hand Mixing

1. 별도의 보올에 차가운 얼음물을 준비하여 손 냉각시킬 준비
2. 분쇄한 적육을 믹싱보올에 담고, 식염(또는 NPS)과 복합인산염, 그리고 복합향신료 또는 양념액을 순서대로 골고루 뿌려준다.
3. 차갑게 냉각시킨 맨손으로 분쇄육을 끈적거릴 때까지 치댄다.

④ 끈적거리게 된 믹싱육을 한줌 떼어낸 후 손바닥이 아래로 가게 하여 천천히 손을 펴보면서 손바닥에 얼마나 오래 붙어 있는가에 따라 결착력의 수준을 가늠해 볼 수 있다.
⑤ 충분히 결착력이 나타난 믹싱육에 유화된 카팅육을 투입하여 골고루 섞어 준다.
⑥ 이때 입자 형태의 채소 또는 고명을 골고루 분산 투입하여 잘 혼합시킨다.

분쇄육의 혼합

6 / 믹싱육의 충전 Stuffing

① 스타파 실린더에 적합한 노즐을 장착시킨다.
② 믹싱볼에 담겨진 믹싱육을 한 무더기씩 두 손으로 모아 믹싱볼 바닥에 두 세 번 세게 내려쳐서 기포를 최대한 제거한다.
③ 믹싱볼에 있는 믹싱육을 한줌 긁어 모은 후, 한 손으로 떼어내어 실린더 바로 위에서 높이 들었다가 천천히 내려오며 실린더 입구에서 내부를 향해 손바닥에 힘을 모아 힘껏 내려친다.
④ 가능한 한 기포를 제거시키기 위하여 노력한다.
⑤ 노즐에 케이싱을 조심스럽게 끼운다.
⑥ 처음 한 주먹 정도는 케이싱에 담지 않고 받아내어 별도의 용기에 담아 놓는다.

믹싱육의 충전

❼ 케이싱을 잡아당겨 한 뼘 정도 빼어놓고, 핸드스타파일 경우 핸들을 천천히 돌리면서, 유압식 스타파일 경우 무릎스위치를 눌러 충전하기 시작한다.

❽ 왼손의 엄지와 검지 손가락을 이용하여 케이싱을 잡았다 놓았다 하며 일정한 충전압을 유지하도록 한다.

❾ 천연케이싱의 경우 충전된 상태에서 엄지와 검지로 눌렀을 때 마주 닿을 수 있는 정도로 채운다.

❿ 케이싱 전체에 충전을 완료하였으면 양손을 이용하여 주물럭거리며 균일한 충전상태가 되도록 한다.

⓫ 정해진 규격에 따라 일정한 길이로 내용물을 꼬아 준다.

⓬ 눈에 띄는 기포들을 찾아 바늘로 찔러 제거한다.

⓭ 일정한 길이로 꼬여진 소시지들을 꼬임이 풀어지지 않도록 정하여진 방법으로 매듭지어 준다.

⓮ 상기의 과정을 완전히 손에 익혀 익숙한 손놀림으로 충전작업이 이루어 질 수 있도록 한다.

7 / 쿠킹캐틀에 삶기 Boiling

❶ 쿠킹캐틀에 충분한 양의 물을 채우고 80℃로 데워 놓는다.
❷ 매듭지어진 소시지 묶음을 조심스럽게 쿠킹캐틀에 집어 넣는다.
❸ 유화가 잘 된 소시지들은 물 속에서 떠오르기 때문에 이들을 눌러주기 위한 누름판이 필요하다.
❹ 수면 위에 노출된 소시지들은 겉 표면이 누렇게 변색이 일어나기 때문이다.
❺ 물에 삶는 경우 중심온도가 72℃에 도달하기 까지 소요되는 시간은 소시지의 직경에 달려있다. 직경 1cm당 10분이 소요되는 것으로 계산하면 된다.
❻ 직경 26㎜인 돈장 소시지의 경우 80℃ 물에서 약 25분 경과한 시점에서 중심온도를 확인한 후 72℃에 도달 시엔 종료하고, 미달 시엔 3~5분 정도 추가로 삶아 준다.
❼ 삶기가 종료되면 반드시 중심온도를 체크하여 72℃ 도달 여부를 확인하여야 한다.
❽ 삶기가 끝난 소시지는 즉시 얼음이 섞인 차가운 물에 담가 냉각시킨

쿠킹캐틀

다. 이때에도 수면 위로 떠오르지 않도록 누름판을 얹어 놓는다.

❾ 냉각 정도는 소시지에 약간의 미열이 남아 있도록 하여야 한다. 이는 냉각된 소시지를 한 개 손에 살포시 잡아 보면 처음엔 차갑게 느껴지던 것이 잠시 후에 약한 열기가 느껴지는 상태를 말한다. 이 때의 중심온도는 약 20℃ 정도이다.

❿ 냉각을 마친 소시지는 스틱에 걸어 냉장고에 보관한다.

⓫ 냉각 중 소시지에 남아있던 미열이 표면 물기를 모두 증발시키는 역할을 한다.

8 / 컨벡션/스모크 오븐에서 훈연하기 Roasting/Smoking

❶ 오븐을 60℃로 예열시켜 놓는다.
❷ 오븐용 스틱에 소시지 간격을 적당히 떼어 놓은 상태로 걸어 놓는다.
❸ 문을 닫고 프로그램을 작동시킨다.
❹ 흡입/토출 밸브가 모두 닫혀 있는 상태에서 45℃/20분 가열하여 발색을 촉진시킨다.
   이 상태를 레드닝(Redning)이라 한다.
❺ 흡입밸브 30%, 토출밸브 50% 오픈 시킨 채로 45℃/25분 가열하여 표면을 건조시킨다.
   이 상태를 드라잉(Drying)이라 한다. 이 때 소시지의 꼬임부분이 노랗게 색깔이 변하기 시작할 때까지만 건조시켜야 한다. 만약 그 이상 건조시간이 길어지면 표면건조 후, 내부의 수분이 표면으로 빠져 나와 축축해지며 더 이상 건조되지 않는다.
❻ 흡입밸브 40%, 토출밸브 60% 오픈 시킨 채로 50℃/20~30분 연기를 발

생시켜 훈연 시킨다. 이 상태를 스모킹(Smoking)이라 한다. 불꽃이 일어나지 않는 상태에서 우드칩이 타 들어가는 모습으로 만들어 지는 연기이어야 한다. 훈연 색깔은 최종 희망하는 색깔보다 연한 수준에서 종료하여야 한다.

❼ 챔버 내에 남아있는 연기를 모두 배출시킨 후, 흡입/토출밸브를 모두 닫고, 78℃/중심온도 72℃ 도달할 때까지 스팀으로 찐다. 이 상태를 쿠킹(Cooking)이라 한다.

❽ 얼음이 담긴 차가운 물을 충분히 준비하였다가 쿠킹이 끝난 소시지를 얼른 담가 냉각시킨다. 냉각시간은 소시지의 굵기에 따라 조금씩 달라지나 중심온도 약 20℃ 도달할 때까지만 담가 놓는다. 이 상태를 쿨링(Cooling)이라 한다. 아직 소시지에 미열이 남아 있도록 한다.

❾ 스틱에 걸어 냉장고 내에 보관한다.

컨벡션오븐, 스모크챔버, 스팀쿠킹챔버

돼지지육을 활용한
다양한 즉석육가공품

4

돼지지육을 분할 해체하면 맛과 식감이 다른 다양한 부위의 돼지고기를 얻을 수 있으며 숙련된 육가공 장인은 앞서 소개한 유화형소시지 이외에도 부가가치가 높은 음식이나 육가공품을 제조할 수가 있다.

자신이 운영하는 사업장에 적용 가능한 메뉴를 발굴해 판매한다면 더 높은 성과를 얻을 수 있을 것이다.

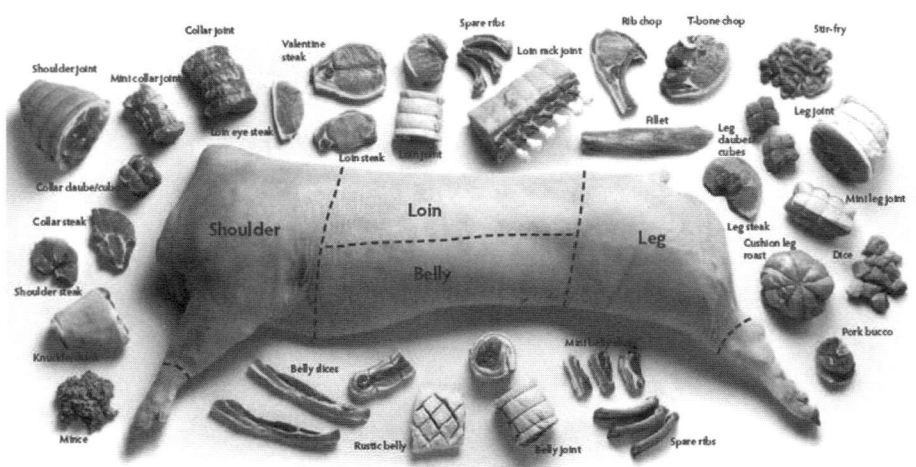

돈육 주요 부위

앞다리	몸통	뒷다리	부속품
목심살 앞다리살 갈비살 항정살 사태살	등심살 삼겹살 안심살 갈매기살 등심덧살	보섭살 볼기살 설깃살 도가니살 사태살	등뼈 목뼈 대퇴골 상완골 살밥부착

앞다리

부위	중량	메뉴 및 육가공품(16)
목심살	5.9kg	로스트 포크, 고추장양념 목살, 간장양념 목살 주물럭, 낙켄 스테이크, 오븐구이 목살
앞다리살	7.6kg	슐터 브라텐(오븐구이), 숄더햄(훈연), 고추장양념전지, 허브 전지
갈비살	6.3kg	갈비 바비큐, 돼지갈비찜, 고추장양념갈비구이, 허브 갈비
항정살	0.6kg	항정로스
사태살	4.6kg	그릴 학센, 아이스바인

몸통

부위	중량	메뉴 및 육가공품(16)
등심살	6.96kg	돈가스류, 로스햄, 파스트라미, 훈연 카슬러 스테이크, 락스쉥켄
삼겹살	10.62kg	베이컨, 고추장 삼겹, 오븐구이 삼겹, 롤베이컨, 스페어립 고추장구이, 슈바이네 보이텔
안심살	1.47kg	필렛, 트라이앵글 오븐구이, 안심 돈가스
갈매기살	0.6kg	로스구이
등심 덧살	0.5kg	로스구이
사태살	4.6kg	그릴 학센, 아이스바인

뒷다리

부위	중량	메뉴 및 육가공품(16)
보섭살	16.5kg	생햄(쉰켄스펙, 누스쉰켄, 롤쉰켄)
볼기살		쿠크드햄(본인햄, 본레스햄, 콕쉰켄, 쉰켄브라텐)
설깃살		양념/분쇄육(양념육, 떡갈비, 돈가스)
도가니살		유화형 소시지(뉴른베르거, 그릴소시지, 복부어스트, 미트로프 등)
사태살		콜컷, 소시지 입자/육괴용(비어쉰켄, 약드부어스트, 쉰켄부어스트, 비어부어스트, 레겐스부르거)
		그릴 학센, 아이스바인(뼈없는 족발)

돼지 지육을 활용해 제조하거나 조리할 수 있는 한식 및 독일식 돼지고기 요리 및 육가공품은 50여 가지에 달한다.

삼겹살과 목살, 항정살과 같은 부위는 지금처럼 로스용으로 판매를 하고, 제조에 많은 시간이 필요로 하는 제품 등은 제외를 하면 즉석육가공품으로 제조할 수 있는 품목은 15가지 정도로 압축할 수 있다.

부분육을 받아다가 단순히 돼지고기를 진열 판매하는 정육점이나 삼겹살, 목살 구이를 주로 판매하는 기존 육류전문 음식점에서 탈피하기 위해서는 사업장의 경쟁력을 크게 높여줄 수 있는 시그니처 메뉴를 보유할 수 있어야 한다. 육가공기술의 연마는 상품구색을 다양하게 하고 부가가치가 높은 메뉴나 상품을 곁들여 팔 수 있는 길이 열리기 때문에 수익률 향상에도 도움이 될 수 있다.

육가공 교육기관

5

국내에서 육가공기술을 전수받을 수 있는 곳은 많지 않다. 2013년 10월 즉석육가공업태에 대한 규제 완화로 수제 소시지 시장의 급성장을 전망하는 이들이 많았으나 그렇지 못했다. 이를 두고 우리나라는 즉석육가공, 수제 소시지의 인기가 없다고 평가하는 이들도 많다.

하지만 제도만 만들어졌을 뿐 즉석육가공산업을 선도할 기술인들이 국내에는 별로 없었고 이를 배울 곳도 없었다.

대학에서 육가공학을 가르치는 곳이 있었지만 대학에서는 실무에 활용할 기술보다는 학문적, 이론적 내용이 전부다 보니 전문 강사 또한 부족한 게 현실이다.

이후 정부 등의 지원을 통해 몇몇 기관에서 교육과정을 만들기 시작했다. 현재 대표적 육가공 기술을 가르치는 곳은 정육점 점주들을 회원으로 두고 있는 한국축산기업중앙회 부설의 미트스쿨, 농협경제지주 축산물위생교육원, 홈메마이스터슐레 등이 있다.

그 중 홈메마이스터슐레의 교육프로그램을 소개하면 정통 독일식 도제 양성 시스템을 갖춘 육가공기술 교육센터다.

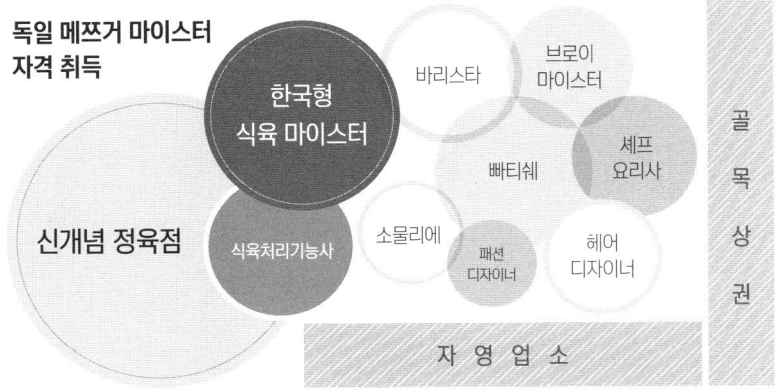

홈메마이스터슐레의 교육·훈련 프로그램은 원칙적으로 돼지 지육 이분체를 직접 발골·정형하여 모든 부위를 활용한 육가공제품을 완성하고, 육가공품을 활용해 메뉴로까지 조리해 볼 수 있도록 설계되어 있다. 육가공 기술을 조금 더 숙련시켜 보겠다는 분들은 한 번 더 반복해 볼 수 있으며, 본인의 노력 여하에 따라서는 세 번 반복 훈련을 통하여 창업을 준비할 수도 있다.

같은 프로그램이 반복해 이어지기 때문에 언제든지 수강을 하면 각 프로그램을 배우는 시기만 다를 뿐 전체를 다 들을 수 있게 되어 개강 시기를 특별히 기다리지 않아도 되는 특징이 있다.

소나 돼지 발골 및 정형, 햄과 베이컨 제조비법, 수제소시지 제조비법, 양념육, 떡갈비, 돈가스 제조비법을 2일 동안 배우는 "홈메 완포인트 클래스"도 준비하고 있다.

훔메마이스터슐레의 커리큘럼

구분과정	속성반(2개월)	심화반(4개월)	창업반(6개월)
돈지육2분체 3분할 발골·정형 및 염지	앞다리/몸통/뒷다리 중 2개 부위 등심햄, 안심햄, 누스햄, 베이컨염지	앞다리/몸통/뒷다리 중 2개 부위 등심햄, 안심햄, 누스햄, 베이컨 염지,	돈지육2분체 1시간 내 작업 완료, 삼겹, 목심 정육 진열상품화, 가공 육분류 작업
훈연햄, 베이컨, 소시지	등심햄, 안심햄, 누스햄, 베이컨훈연, 윈너부어스트 훈연	등심햄, 안심햄, 누스햄훈연, 통삼겹 오븐구이, 복부어스트 훈연	등심햄, 안심햄, 누스햄훈연, 통삼겹, 로스트포크 오븐구이, 카바노치 훈연
무첨가 즉석소시지	화인브라트부어스트, 그릴부어스트 제조	뉴른베르거후레쉬, 버섯불고기소시지 제조	후레쉬소시지3종, 뮨쉬너바이스부어스트 제조
미트로프, 콜드컷	훌라이쉬케제, 약드부어스트 제조	약드케제, 피자케제, 비어슁켄제조	비어슁켄케제, 볼로냐, 페퍼슁켄 제조
분쇄육, 양념육, 돈가스	떡갈비 제조 한돈 고추장불고기, 등심 돈가스 제조	떡갈비, 함부르거 스테이크 제조 한돈 주물럭, 스페어립 고추장구이, 민찌가스 제조	떡갈비, 함부르거 스테이크, 체밥치치 제조 한우LA갈비, 백립 바비큐, 부어스트슈니첼 제조
즉석메뉴조리	슈바이네커틀렛, 낙켄스테이크, 수제 핫도그, 햄버거, 샌드위치	카슬러슈니첼, 훌라이쉬케제, 학센, 수제 핫도그, 햄버거, 샌드위치	함부르거스테이크, 비프챱스테이크, 수제 핫도그, 햄버거, 샌드위치

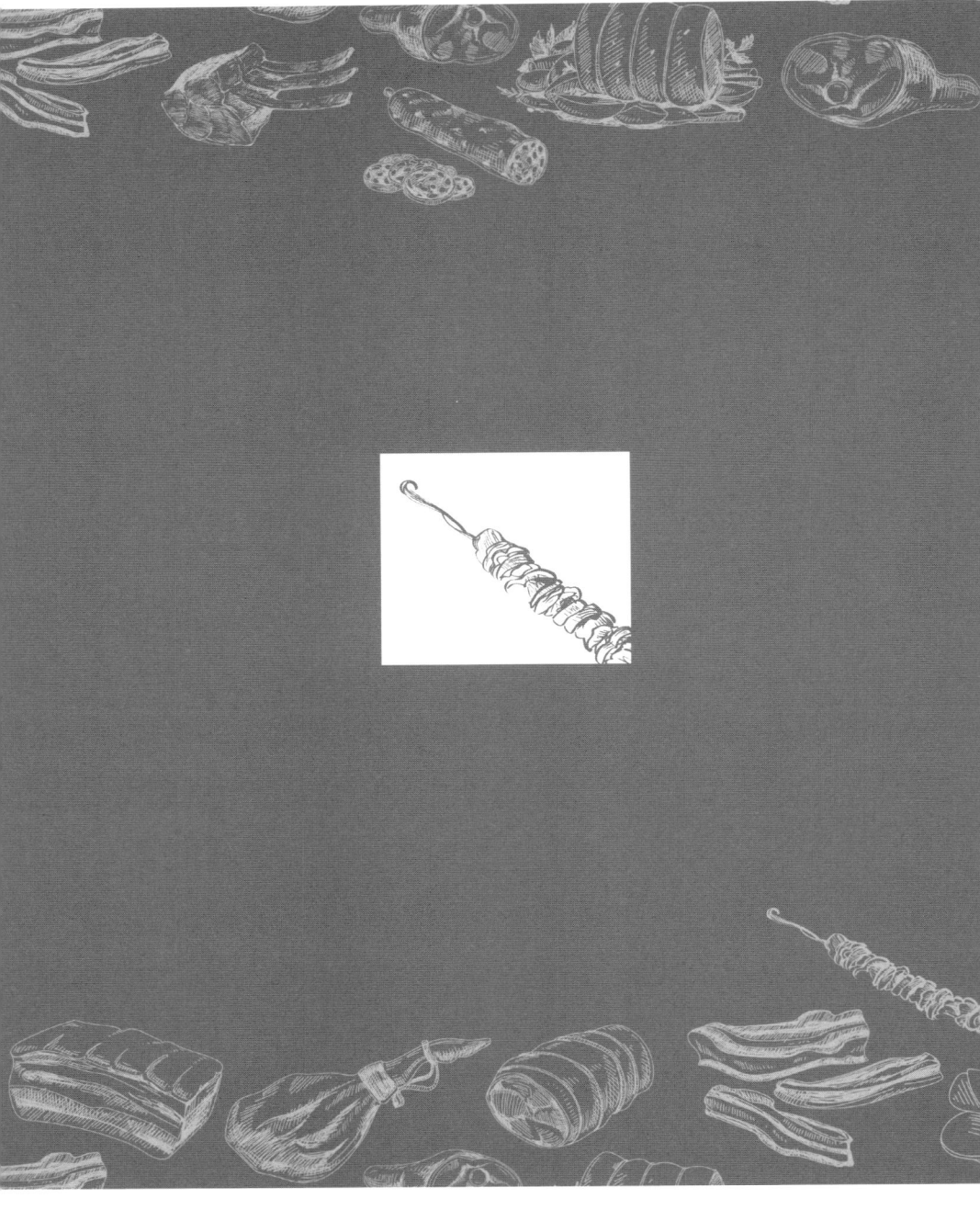

제 4 부

고기와 불

바비큐 역사

1

바비큐란 무엇인가?

우리가 흔히 사용하는 바비큐(Barbecue)라는 용어는 언제부터 사용한 것일까?

우선 바비큐(Barbecue)라는 단어의 정의를 내린다면 익혀먹는 음식의 총칭이라 할 수 있겠다.

아주 먼 옛날 지구상에 인간이 존재한 지 400~500만 년 전, 아무 생각 없이 100만 년을 훌쩍 뛰어넘을 정도로 무감각한 시간의 언급이지만 그 역사 속에서 태초의 오스트랄로피테쿠스부터 불을 사용하기 시작한 호모 에렉투스, 현생 인류인 호모 사피엔스까지 인간의 진화과정은 처절한 적응이자 진화의 결과였다. 연명을 위한 사냥과 수렵, 어로가 전부였던 시대를 지나 지금에 이른 것이다.

호모에렉투스 전까지의 인류는 동물과 다를 바 없이 생활했으며 그들과 경쟁관계에 있었고 모든 것이 생식으로 연명할 수밖에 없는 말 그대로 동물적 원시인간의 시대였던 것이다.

인간이 최초의 화식을 시작한 것은 사실 정확하지는 않다. 불을 사용한 원시인류가 호모에렉투스라고는 하지만 그들의 출현이 170만 년 전인지? 190만 년 전인지? 아는 사람 전혀 없고 멸종 또한 40만 년 전인지? 10만 년 전인지? 정확하게 알려진 바가 없기 때문이다. 하지만 대략 150만여 년 전 아프리카와 아시아 인류인 호모에렉투스(Homo-erectus)부터 불의 사용이 시작되었다는 것이 굳어지는 분위기이다. 그 인류가 지구 전체로 퍼져 나가기 시작하면서 전 대륙으로 이동하게 되었으며 베링해를 건너 아메리카 대륙에까지 정착한 원주민 (Native)이 되었던 것이다.
1492년 콜럼버스의 신대륙 발견 이후 카리브해에 도착한 정복자들은 그곳에 정착해 살고 있는 타이노 인디언(Taino indian)들이 사각기둥을 세우고 슬라브를 친 편평한 지붕에 사냥해 온 동물들을 손질도 안 한 상태로 턱턱 얹어놓고 연기를 피워가며 구울 때 서로 "바바코아", "바비코아" 하는 소리를 듣고 1500년 카리브해에 도착한 스페인 탐험가이자 작가인 곤살로 페르난데스 데 오비에도 발데스(Gonzalo fernandez de oviedo y valdes)는 원주민들이 주고받았던 이 언어인 '바바코아(Barbacoa)'라는 단어를 유럽에 전해 1526년 출간된 스페인의 에스파냐 사전 제2판에 바비큐를 지칭하는 최초의 활자로 등록된다. 사실 '바바코아'라는 단어는 '푸른 연기가 나는 사각 나무틀'을 이르는 말로 바비큐 자체를 말하는 것이 아니었고 바비큐를 하는 장치를 이르는 말이었다. 그 말이 그대로 유럽에 전해져 인류 최초의 화식을 일컫는 문자로 기록되었던 것이다.
카리브해에 사는 대부분의 원주민 부족들은 훈연 건조(Drying &

smoking) 방식으로 육고기와 물고기를 보존했으며 종류로는 거북이, 도마뱀, 악어, 뱀, 쥐, 개구리, 새, 개, 기타 작은 동물 등을 요리하는데 바바코아를 사용했다. 종종 사슴 같은 큰 동물도 바바코아에서 요리했다. 훈제, 염장, 말린고기는 저장해 두었다가 종종 물을 붓고 스튜Stew로 환원해 만들어 먹었다. 바비코아를 사용해서 요리하는 모습은 마치 바비큐를 한다기보다 육포를 만드는 과정과 같았을 것이라 상상한다.

이렇듯, 연기와 불은 원시인류들이 동굴에서 살 때부터 소중하게 다루어졌고 도처에 존재해 왔으며 이렇게 시작한 최초의 화식 인류인 호모 에렉투스는 인간과 동물이 확연하게 구분되는 인류학적 전기를 마련하는 역사적 순간에 존재했으며 인간이 좀 더 인간답게 진화할 수 있는 계기가 되었다.

이때부터 시작된 훈연 조리 방법은 냉장 보존법이 실시되기 훨씬 전까지 사냥해 온 고기를 상하지 않게 보존해 주는 인류의 생존을 위한 저장법으로 널리 사용되었던 위대한 발견이자 문명이었던 것이다.

타이노 인디언들로부터 생존방법을 전수받은 정복자들은 더 많은 사람들을 아메리카 대륙으로 이주시키기 시작했으며 그들이 북남미로 영역을 넓혀 나가면서 그들이 이동하는 루트별로 각기 다른 음식문화의 특징이 나타나는데 그것이 지금 아메리카 대륙의 음식문화가 된 것이다.

이후 바비큐는 급속도로 발전을 거듭하다가 1755년 영국의 사전 편집가 겸 수필가, 편집자인 샤뮤엘 존슨(Samuel Johnson)에 의해 그의 영어사전(Dictionary of the English Language)에 지금의 바비큐(Barbecue)라

는 단어를 포함시키면서 현재의 단어가 처음 활자로 등장하게 되었다.

이처럼 세계 바비큐 문화는 미국에서 자기들이 문화의 종주국이라고 떠벌리고 있지만 유럽에서 이주해 간 다양한 국가의 이주민들에 의해 캐롤라이나 지역을 통해 동북부 지역으로, 텍사스 지역을 통해 남서쪽으로 확대되어 가면서 토마토, 케첩, 식초, 머스터드 기반의 독특한 소스 문화를 구축하게 되었고 현재는 가장 미국스러운 음식으로 전 세계인이 열광하는 문화의 한 축으로 자리를 잡았다.

아직도 미국의 바비큐 극단주의자들은 바비큐를 미국 음식으로 하자고 억지를 부리고 있지만 몇몇 양심 있는 학자들에 의해 "바비큐는 미국 음식은 아니지만 재즈와 풋볼, 야구처럼 미국에서 가장 발전한 음식문화는 맞다."라는 정도에서 선을 긋고 있다.

미국의 바비큐 문화는 다른 음식과는 달리 경쟁이 심한 음식이었다. 그것의 첫 번째 경쟁이 1959년 미국령 하와이에서 있었다. 20여 팀 이상의 부부팀 위주로 참가한 경기에서 10,000불의 상금과 스테이션 웨건이 부상으로 걸리는 큰 규모의 흥행과 관심이 쏠리는 경기였다. 이후 현재는 미국 전역에서 600여 개 이상의 바비큐 대회가 열리고 있으며 해마다 1,000여 팀 이상의 신생 바비큐팀이 생겨나고 있고 여기서 상위권에 랭킹 되는 선수는 부와 명성이 셀럽 부럽지 않은 사회적 대우를 받고 있다. 우리나라도 2009년 대한아웃도어바비큐협회의 설립으로 해마다 많은 경기를 치루고 있으며 바비큐 선수 육성과 관리를 통해 체계적인 아웃도어 문화로 발전하고 있고 미국처럼 바비큐 경쟁(Competition)에서 벗어나 '스포츠 바비큐(Sports barbecue)'라는 새로운 장르의 아웃도어 스포츠 문화를 새로운 장을 열기 시작했으며 세계 최초로 프로 바비큐 대회를 통해 미국 바비큐 최고 대우인 '핏 마스터(Pit master)'나 '바비큐 마스터(Barbecue master)'와는 달리 세계 최초의 프로 바비큐어

(Professional Barbecuer)라는 새로운 직업을 만들어 아웃도어 스포츠 문화의 중심으로 자리를 넓혀가고 있다.

이렇듯 바비큐는 인류 최초의 화식이자 조리법으로 시작돼 스포츠로 시도되기까지 수많은 변화를 거쳐 인간의 생존과 놀이에 지대한 기여를 하는 문화적 코드로 성장하고 있는데 비해 국내 축산업은 아직까지도 전통적이고 단편적인 소비에 의존해 특정부위 위주의 소비를 탈피하지 못하고 있는 실정이다.

결국 문화란 산업과 상관없는 별개의 독립된 영역이라는 생각에서 벗어나 산업의 핵심에서 다양한 소비문화를 촉진시켜 인간의 삶을 풍요롭게 하는 매파 역할을 톡톡히 해야 할 시대적 소명이 된 것이다.

우리나라 축산업의 경우도 생산위주의 근시안적 정책에서 벗어나 소비시장과 부위를 다양화하고 순발력 있게 변화해야 활로가 보일 것이고 그 활로의 중심에 스포츠 바비큐의 출범이 주는 의미와 역할 또한 적지 않음을 공감하고 공동의 프로모션과 마케팅을 통해 산업발전은 물론 국민의 삶의 질 향상과 더불어 살맛나는 대한민국을 만들어 가는데 같이 앞장섰으면 하는 마음이다.

스포츠 바비큐는 대한민국을 중심으로 세계적 문화축제로 성장할 수 있는 모멘텀(Momentum)이 충분한 상태로써 발전 가능성이 무궁무진하며 핵심 문화로 가파르게 성장할 것이고 이에 대한 정부와 관련 업계의 관심과 지원이 그 어느 때 보다 중요한 시기인 것이다.

한국의 바비큐 역사

2

가. 부여, 고구려 양축(養畜)과 사냥을 통한 고기요리 발달

부여국(夫餘國)이나 고구려가 위치하던 지역은 가축을 기르고 수렵하기에 아주 좋았다고 중국의 진수(陳壽, 233~297)가 편찬한 '삼국지 위지동이전'에서 기술하고 있듯이 상고시대부터 부여국은 양축(養畜)을 잘하고, 고구려는 수렵(狩獵)에 능하였음을 알 수 있다.

이런 환경에서 맥적(貊炙)과 같은 좋은 고기요리가 생겨나고 발달되었으며 그렇게 시작된 전통적인 구이요리는 지금까지 후세에 전해져 내려오고 있다.

그러나 우리나라의 지형상 양축(養畜)이나 수렵(狩獵)으로는 본격적인 식량자원 획득의 수단이 될 수는 없었다. 이때부터 시작된 전통적 고기요리의 특징은 한국적 바비큐 문화의 중심 뿌리가 되었으며 현재 그 실력 또한 상당한 수준에 이르러 앞으로 새로운 각도와 깊이에서 한식의 위상과 가치를 높여가는데 적지 않은 기여를 할 수 있는 강력한 채비를 이미 갖추고 있다.

우리나라는 예로부터 농업국가로써 역사를 키워오고 역대 왕들의 치적에서도 드러나 있듯이 농사에 쏟는 관심이 실로 지대했음을 알 수 있다. 이런 식생활 환경 속에서 다양한 곡물음식과 고기음식, 그리고 채소와 과일음식이 동시에 다양하게 병행 발달하고 있었다는 점이 우리나라 음식문화의 큰 특징이라 할 수 있다.

인류 최초의 화식조리법인 바비큐는 옛 문헌에 기록되어 있듯이 지혜로운 조상들의 현명함에 의해 다양한 방법으로 시도 되었고 구이재료로는 소, 돼지, 닭, 염소, 토끼, 사슴, 참새, 오리, 거위, 등 다양한 수조육류와 여러 가지 어패류, 경채류, 과채류 등이 사용되었다.

나. 한국 바비큐 문화의 우수성

① 한국은 농업국이었지만 곡물음식과 고기음식이 병행발달하고 있었다.

② 무속행의(巫俗行儀), 고사행의(告祠行儀), 가례(家禮), 제향(祭享) 희생을 으뜸으로 여겼다.(기를 때는 畜, 제물일 때는 牲이라 함)

③ 선사시대 사냥용구 출토로 미루어 고대에는 수렵을 숭상하고 가축을 잘 사육하던 생활 유습이 있었음을 추측할 수 있다.

④ 부여국 관직명에 馬, 牛, 猪, 狗, 犬, 大使者, 使者가 있는 것으로 보아 축양을 소중히 여겼음을 알 수 있다.

⑤ 삼국시대, 신라에는 양전(羊典), 육전(肉典)을 두었다는 기록이 있다.
⑥ 신라, 신문왕 3년 폐백품목에 포(脯)가 있어 건육(乾肉)의 가공이 실시되었음을 확인할 수 있다.
⑦ 『삼국유사』, 태종춘추공조에 「하루 식사에 꿩이 9마리였다.」고 기록되어 있듯이 삼국시대의 상무(尙武) 환경에서 고기음식이 계속 발달하였음을 알 수 있다
⑧ 고구려에는 매년 왕이 참가한 수렵대회가 있었으며 처음 잡은 노루나 산돼지로 먼저 제를 지냈던 기록이 남아있다.
이렇듯, 수렵 숭상사회에서 출중한 고기요리 솜씨 보유한 민족의 우수성을 알 수 있으며 주변국들로부터 맥적(貊炙)을 최상의 호찬이라 하였다.
⑨ 조선시대, 전생서(典牲署)를 두어 제향이나 빈객을 위한 가축 기르기를 관료들이 담당 했다.

다. 한국의 바비큐 문화의 전반적인 특징

삼국지 '위지동이전'이나 '한서동이전'에 보면 부여국이나 고구려의 위치가 가축을 기르고 수렵(役牛)하기에 적당했음으로 다음과 같이 기록되어 있다.
<부여국은 상고시대부터 양축(養畜)을 잘했고, 고구려는 수렵에 능했음을 알 수 있었음으로 이러한 환경에서 맥적(貊炙)과 같은 고기요리가 생겨나고 발달하였으며 그렇게 시작한 구이요리가 오늘날까지 전해 내려

오고 있다>고 전하고 있다.

이때부터 발전한 우리민족의 고기요리 솜씨는 상당한 수준에 이르러 오늘날 한국 바비큐문화의 뿌리가 되어 아직까지 대회나 경기중심에 머물러 있는 세계의 바비큐 문화를 세계 최초의 스포츠바비큐 문화로 발전시킬 수 있는 계기가 되었으며 한 층 더 섬세한 기술을 만들어 가는데 적지 않은 기여를 하게 되었다.

우리민족의 바비큐 문화 우수성을 정리하면,
① 고기가 충분히 공급될 수 없다 보니 부위별 활용, 조미법의 특수성 등으로 조리솜씨는 더욱 증진되고 오늘날 특미로까지 발달해 왔다.
②「맥적」(貊炙) - 출중한 고기요리의 솜씨
상고시대 한민족은 수렵을 숭상하고 양축에 힘썼으므로 곡류의 조리, 가공법뿐 아니라 수조육류의 조리나 가공법에도 능숙하였다. 한대(漢代)에서는 맥적이라는 고기요리가 놓여야지만 비로소 호찬이라 하였다는 이야기가 있다.
③ 서구의 염장과 우리의 양념
『고사통(故事通)』- (최남선 저)에 보면
서구의 목축인들은 고기를 염장했던 것과 달리, 우리의 상고시대인들은 수렵으로 얻은 고기를 기름, 장, 술 등으로 양념을 해서 즉석에서 구운 것으로 추정한다.
④ 통으로 굽는 문화

고구려 무용총 고분벽화 접객도 내 칼을 든 동자.

고구려의 무용총 고분벽화 접객도(接客圖)에 무릎을 꿇은 동자의 손에 작은 칼이 쥐어져 있다. 즉, 상고시대에는 고기를 통으로 또는 큰 토막으로 다루었을 것이므로 이것을 먹을 때 식탁용 칼이 필요했던 것이다.

이외에도 한국은 농업국이었지만 곡물음식과 고기음식이 병행 발달하였다.

라. 고려시대 바비큐 문화의 특징

숭불사회에서 수렵이나 도살을 즐겨 하지 않았다. 고려 제24대, 원종 2년, 각 도 안찰사에게 유지를 내려 「왕은 인심을 금수에까지 베풀어야 하니 고기반찬을 올리지 말라.」했다. 한편 역대왕은 소의 도살금지령을 내린 적도 있다.

이후 교섭이 빈번하던 여진이나 거란인은 수렵과 목축에 능하였으므로 그들이 정착하면서 매사냥에 종사하였고 또는 과거 천민이 맡고 있던 도살을 맡게 되어 갖바치(皮白丁)로 특수한 계층이 형성되었다.

이러한 배경이 다시 고려에서 고기음식의 솜씨가 복원되는 한 계기를 이룬다.

꿩, 닭, 따오기고기, 양, 고니, 오골계, 백마(白馬), 곰발바닥, 표범의 새끼 등 다양한 종류의 육식재료가 『고려사』 열전에 있다.

우리의 바비큐 문화는 서양의 그것과는 달리 그 기록이 남아있어 아주 오래전부터 각각의 재료에 맞게 세분화되어 발전해 왔음을 알 수 있다.

우리 조상들은 재료의 부족함과 한계를 넘기 위해 재료를 부위별로 소중하게 다루었으며 그만큼 조리법이 섬세했음을 알 수 있다. 최소한의 양념으로 자연의 맛을 거스르지 않으면서도 삶의 지혜가 묻어나는 최고의 음식문화로 발전시켜 왔다.

우리의 고기문화는 고려시대 설하멱과 고구려 맥적, 조선시대 너비아니로 이어지는데 이 중에 필자는 고려시대 설하멱을 최고로 꼽는다.

여기에서는 '증보산림경제'에 실린 설하멱(雪下覓), 또는 설야멱(雪夜覓)이라고도 하는 구이음식을 소개해 본다.

이 음식은 '눈 오는 날 밤에 찾는다'라고 해서 알려진 음식으로 '쇠고기를 너비 2마디, 길이 6마디, 두께는 손바닥만 하게 저며 칼등으로 두드리고 꼬챙이에 꽂아 소금, 기름, 간장(때로는 술, 식초도 사용)을 발라 삭아든 불(탄화, 炭 火)에서 굽는다. 간장이 싫다면 소금으로만 간을 한다. 고려시대의 명물로 지금의 제수용 육적과 크기나 다루는 방법에서 동일하다. 여기에 마늘즙을 조금 섞으면 더욱 연하다.

 따라 그 냄새를 싫어하기도 하므로 주의한다. 고기가 잘 익어갈 때 냉수에 잠깐 적셨다가 급히 건져내 다시 굽는다.

이렇게 보통 세 번을 진행한다. 여기에 참기름을 바르면서 재차 구워도 고기가 연하고 맛이 좋아진다'고 기록되어 있는데 이 음식 조리과정이 대단하다고 생각하는 부분은 현재 스포츠바비큐에서 사용하고 있는 고난도 기술이 사용되었기 때문이다.

어느 정도 크기가 있는 고기는 익어가는 과정에서 그릴에서 꺼내도

조선 양반들의 입맛을 사로잡은 설하멱, 어떤 요리였을까? SBS 방송 캡쳐

내부온도는 3도에서 5도까지 상승할 수 있다. 이런 현상을 이월효과(Carryover effect)라고 한다.

그리고 어느 정도 두께가 있는 고기를 직접구이(Direct Method)방식으로 구울 때 속은 안 익고 겉은 타는 경우가 발생하는데 그런 것을 미연에 방지하는 방법으로 익어가는 고기를 꺼내 표면 냉각을 위해 수분을 뿌리는 기술인 수분분사법(Spritzing)이라는 것이 있는데 여기서는 한발 더 나아가 얼음이 담긴 물속에 세 번을 넣었다 꺼내 굽는 방법이 쓰였다는 것이다.

이렇듯 우리민족은 예로부터 음식을 소중히 여기는 어진 마음과 공동체 의식이 있었다.

그리고 식재료의 부족함과 뚜렷한 사계절로 인해 보관상의 어려움을 다양한 방법으로 현명하게 대처해 온 영리한 민족이다. 이런 민족의 뒤를 잇는 후손으로 과거의 현명한 고기음식문화를 더욱 더 발굴, 계승, 발전시켜 나가는 계기로 삼아야 함이 다양한 육류 소비문화를 만들어 가는데 시급한 것이 아닐까 한다.

마. 조선시대 바비큐 문화의 특징

『도문대작』이나 『증보산림경제』의 기록에서 보듯 소, 돼지, 산돼지, 닭, 꿩, 토끼, 염소, 개, 거위, 오리, 매, 노루, 사슴, 곰의 발, 표범 등을 바비큐 재료로 사용했다

궁중 제사, 접대, 사사품 등에 공급하기 위한 수조육류는 전생서(典牲署), 사축서(司畜署)와 같이 기르고 잡는 일을 맡아 하는 전담부서가 있었다. 『만기요람』에 보면 전생서에서는 황소 3마리, 검은소(黑牛, 살이 많아서 식용에 적당함) 28마리, 양 60마리, 염소 14마리, 돼지 330마리를 항상 기르고 있었고, 사육서에서는 각종 가축을 길러 상비하고 있었다고 한다. (제례와 식용으로 양을 많이 썼다.)

『관북기사』에는 산채와 함께 노루, 사슴, 산양, 산돼지, 표범이 명

물이라 하였으며, 『도문대작』에서는 웅장(熊掌, 곰의 발)요리는 회양(淮陽), 의주(義州), 희천(熙川)에서 잘 하고, 사슴혀(鹿舌)는 회양사람, 표태(豹胎)는 양양(襄陽)의 요리인(膳夫) 1인이 잘할 뿐이라 하고 있다. 이와 같이 특수육은 일부 산악지역이 명물이었음을 알리고 있다.

바. 한국의 전통적 바비큐의 특징

炙(구울적, 구울자 자, 적)자를 풀이해 보면 육(肉)고기를 뜻하는 月(월)과 불을 뜻하는 火(화, =灬)部의 합자(合字)로 '고기를 굽다'라는 뜻의 한자 표기인 것이다. 영어로는 Barbecue, barbacoa, roast로 표현할 수 있다. 불에 직접 구울 수 있으므로 인류가 개발한 조리법 중에 이 구이요리인 바비큐가 최초의 조리법이 되었으며 우리의 음식을 알리는 여러 문헌에도 다양한 구이법이 많이 있다.

구이에는 소, 돼지, 닭, 염소, 토끼, 사슴, 참새, 오리, 거위 등 수조육류와 여러 가지 어패류 및 경채류, 과채류 등을 이용한 여러 가지가 발달되어 있었다.

남아메리카나 남태평양, 아프리카, 러시아 주변국가들의 바비큐 문화를 보면 아직도 원시적 형태의 바비큐 문화가 남아 그들 삶의 활력을 주는 음식문화로 현재도 활발하게 즐기고 있는 것을 볼 수 있다. 이에 비해 우리나라의 바비큐 문화는 그 옛날부터 당시 시대적 상황아래 한정된 급원으로 인해 부위별로 섬세하게 요리하는 경향이 있었다. 현재의 관점으로 볼 때 그것은 상당히 발전된 형태였으며 우리민족의 바비큐에 대한 우수성을 설명할 수 있는 충분한 근거가 되고 있다.

이렇듯 우리민족은 예로부터 음식을 소중히 여기는 어진 마음과 공동체 의식이 있었다. 그리고 식재료의 부족함과 뚜렷한 사계절로 인해 보관상의 어려움을 다양한 방법으로 현명하게 대처해 온 영리한 민족이다. 이런 민족의 뒤를 잇는 후손으로 과거의 현명한 고기음식문화를 더욱 더 발굴, 계승, 발전시켜 나가는 계기로 삼아야 함이 다양한 스포츠 바비큐문화를 세계적 수준으로 만들어 가는데 밑거름이 될 것이며 우리민족의 우수한 바비큐 문화의 소중함을 세계에 알리는 계기가 될 것이다.

스포츠 바비큐 역사 현황

3

바비큐가 경기형태로 치러진 역사는 매우 길다. 1959년 하와이에서의 대회가 처음으로 기록되지만 그 전부터 마초적 남성들의 기록되지 않은 역사는 존재할 것으로 예측되어진다.

미국은 바비큐를 주제로 대회를 여는데 지금은 미국 전역에서 600여개 이상의 바비큐 대회가 열리고 있으며, 해마다 1,000여팀 이상의 신생 바비큐팀이 생겨나고 있고, 여기서 상위권에 랭크되는 선수들의 부와 명성은 셀럽이상의 사회적 지위를 누리고 있고 합당한 대우도 받고 있다.

가. 세계 바비큐 경기대회

(1) Jack Daniel's World Championship Invitational Barbecue

전국에서 모인 사람들이 밤새 깨어 캠핑하면서 바비큐 정보를 공유하고 즐기는 잭다니엘 위스키를 이용한 바비큐 요리경연대회. 각 대회 우승자들만 초청해서 진행하는 축제적 성격의 경기다.

그림8. 2018년 Jack Daniels World Championship Invitational Barbecue 챔피언
그림9. Jack Daniel's World Championship Invitational Barbecue 행사장 전경

매년 10월 Lynchburg Square & Wiseman Park, Lynchburg, Tennessee에서 개최된다.

(2) Memphis in May's World Championship Barbecue Cooking Contest

대부분 친구들과 대중, 미디어 및 종사자들, 광고 스폰서를 위한 축제다. 댄스, 조명등을 갖추고 밤새 경쟁하면서 즐기는 죽기 전에 꼭 가 봐야 하는 바비큐 페스티벌 중 하나다. 매년 5월 Tom Lee Park에서 개최되며 100여개 팀이 참가해 경쟁한다.

(3) The American Royal Open in Kansas City - World series of barbecue.

그림10. 2019년 대회 전경
그림11. 카우보이 축제

카우보이 축제로 시작해 지금은 바비큐대회가 비중 있게 치러지고 있다.

(4) 그 외 세계의 바비큐 경기대회

1) $125,000 LAS VEGAS BARBECUE CHAMPIONSHIP

2) CANADIAN NATIONAL BBQ CHAMPIONSHIP

3) Championnat de France de Barbecue

4) 2015 Harpoon Championships of New England Barbecue

5) Australian Barbecue Championships

미국에는 약 4000개의 바비큐 팀이 존재한다.

미국에서는 524개의 대회가 개최되는데 인구가 밀집되어 있고 초기 정착지역인 동부권 대회 개최 비중이 높다는 걸 알 수 있다.

미국 내 주요 바비큐 명인들을 소개하는 바비큐 지도, 바비큐 로드가 존재할 정도다. 캠핑카를 타고 바비큐를 즐기려는 캠러리들이 이 지도를 들고 지역의 바비큐 집을 찾아 여행을 떠나는 게 미국의 문화 중 하나다.

원료육을 가지고 분류한 미국의 BBQ 맵을 보면 우리가 쇠고기, 돼지고기, 닭고기, 오리고기 정도의 단조로운 바비큐 문화를 가지고 있는 것과 달리 미국은 멧돼지, 악어, 사슴, 버팔로, 토끼 등 다양한 바비큐 재료가 있음을 알 수 있다.

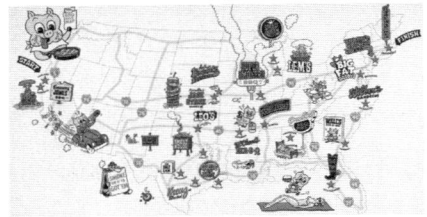

나. 국내 바비큐 경기대회

국내 바비큐 경기대회는 2010년 영동 아마추어 바비큐 컨테스트를 기원으로 볼수 있다.

당시는 프로 바비큐어가 양성되기 이전이었기 때문에 아마추어들이 참여하는 오픈대회로 시작을 했으며 이후 한국의 스포츠 바비큐는 대한아웃도어바비큐협회를 중심으로 선수육성과정을 통해 배출된 선수들이 등장하면서 본격화 되었다.

선수과정은 한국직업능력개발원에 등록된 정식과정으로 초급, 중급, 고급(강사)과정을 거친 후 '세미프로', '프로' 자격을 획득할 수 있다.

이 외에도 '심판양성과정'과 '전통아웃도어민속놀이지도사'과정도 운영 중이다.

(1) 2010년 영동 아마추어 바비큐 컨테스트

    # 영동 포도와 감을 이용한 바비큐 경기대회

(2) 2012 남원초청 바비큐경기대회

    # 남원 흑돼지와 허브(스피아민트), 포도를 이용한 바비큐

(3) 2012 문경 저지방부위 바비큐 경기대회

　　# 저지방 고단백부위 소비촉진을 위한 경기대회

(4) 2013 남원초청 바비큐 경기대회

　　# 남원흑돼지와 허브(스피아 민트), 포도나무를 이용한 경기대회

(5) KOREA OPEN HANDON CUP BARBECUE CHAMPION SHIP 2013

　　# 국내 최초의 정식 스폰서 바비큐 경기대회로 한돈자조금의 협찬으로 진행된 경기대회.

(6) 2013 가평 자라섬 리듬 앤 바비큐 페스티벌

　　# 가을 가평자라섬 재즈페스티벌과 함께 봄에 대표축제로 준비

(7) 2013 국제 바이크 캠핑 페스티벌(한국관광공사)

　　# 김포마리나에서 진행된 국제 바이크 캠핑대회

(8) 2014 제1회 전국 아웃도어 민속놀이 경기대회

　　# 경기도 양평에서 개최된 전통아웃도어 민속놀이 경기대회

(9) 2015 홍성 아웃도어 바비큐 카니발

　　# 축산업의 도시 홍성의 가능성 발굴 프로그램

(10) 2016 코리아 바비큐 마스터즈 포천대회

　　# 포천 지역브랜드 바비큐 경기대회

(11) 2016 코리아 바비큐 마스터즈 이천대회

　　# 이천 지역브랜드 바비큐 경기대회

(12) 2017 코리아 바비큐 마스터즈 여주대회

　　# 여주 지역브랜드 바비큐 경기대회

스포츠 바비큐문화
왜 필요한가

4

바비큐 경기대회는 Competition형태의 미국 바비큐를 중심으로 70년이 넘는 매우 긴 역사를 가지고 있으며 캐나다, 호주, 뉴질랜드, 영국, 프랑스, 일본 등 세계 여러나라에서 이미 실시되고 있다.

이것이 대한아웃도어바비큐협회 출범으로 'Sports Barbecue'형태로 공론화 되면서 소셜네트워크를 중심으로 서서히 알려지고 있는 추세다. 그동안 미국바비큐 선수는 '핏마스터'나 '바비큐 마스터'로 불리면서 활발한 활동을 통해 직업의 영역을 굳건히 하고 있으며 상위 랭크된 마스터들은 유명인으로 부와 명예를 얻을수 있다.

여기에서 더 발전된 형태 또한 한국에서 시작된 '프로바비큐어'의 세계인 것이다.

인간의 삶은 4차산업혁명을 통해 인공지능이나 로봇에게 일자리를 내 주면서 늘어나는 잉여시간에 대한 놀이문화가 대두되고 그 놀이문화의 중심에 스포츠 바비큐는 급성장할 것으로 기대되며 기존의 엘리트 스포츠와는 완전히 다른 분위기로 승부의 개념도 중요하지만 프랜드쉽이 강조

되는 축제의 마당이 된다.

놀이가 문화가 되고 문화가 산업이 되면서 새로운 직업이 생겨나고 그 직업은 개인적 삶의 질은 물론 지역경제 및 나아가서 국가경제에 기여하는 긍정적 선순환의 구조를 띨 것이다.

삶의 질이 중요시되는 미래사회 스포츠 바비큐는 또 다른 형태의 놀이문화를 만들어 낼 것이고 노동적 인간에서 놀이적 인간으로의 변화를 이끌어 가게 될 것이다. 그 새로운 인류를 우리는 호모날라리언스Homo-nallarians라고 부른다.

인간은 사회적 동물이면서 경제적 동물이기도 하다. 또한 문화적 동물이기도 하다. 문화란 동시대 같은 공간 안에서 삶을 공유하는 사람들끼리 코드가 맞는 삶의 영위를 기본으로 한다.

우리는 그것을 공동운명체라고 부른다.

과거 수렵사회에서의 공동운명체는 직접적 생사가 좌우되는 절대적 관계였지만 산업이 발달하고 직접조달의 필요성이 낮아지면서 이 공동운명체의 중요성은 점점 희미해지고 여러 가지 갈등과 대립, 사건, 사고들이 일어나고 있지만 인간의 힘으로 불가항력적인 천재지변이나 인재를 겪고 나면 역시 다시 한번 공동운명체의 필요성을 절실하게 느끼게 되는 것이 나약한 인간의 허상이다.

여기서 인간의 먹고사는 문제는 다시한번 깊게 생각해 봐야 할 문제가 되고 아직도 지구 어느 곳에서인가는 수렵으로 부족의 삶이 이어지고 있는 모습도 동 시대에 존재하는 아리러니를 가지고 있다.

스포츠 바비큐는 그 공동운명체의 소중함을 다시 한번 모든 인류에게 전하는 역할을 해야 할 것이고 그 무대는 그 옛날 우리의 선조들이 그랬듯이 축제의 장이 되어야 한다.

춤과 노래가 있고 술이 몇 순배 돌면서 자연과 인간에 대한 경외감, 같이 살아가고 있는 공동운명체에 대한 숭고함이 삶의 긍정적 영감을 주기를 바라는 마음과 인간에 대한 경외감이 고스란히 스포츠바비큐 경기장에 펼쳐지기를 바란다. 그것이 궁극적인 스포츠바비큐가 가야 할 길이고 목적지인 것이다.

실전 바비큐

5

우리나라 바비큐 문화는 현재 직화구이가 대세를 이루고 있다. 즉, 숯이나 가스불 위에 직접 재료를 올리고 익혀먹는 것이 보편적인 바비큐의 모습으로 일상화 되었지만 바비큐 애호국에서는 직화구이와 함께 간접구이 문화가 상당히 발전되어 있다. 굽는 음식에 대해서는 아직도 건강상의 여러 가지 문제들이 왈가왈부되고 있지만 그렇게 따지면 인간생존의 근간이 음식문화는 다시한번 생각해 봐야 하는 심각한 문제에 봉착하지 않을 수 없다.

바비큐는 의식이자 축제다. 공동운명체에서 가장 중요한 생존을 보장받는 순간이다. 그런 면에서 바비큐를 즐기는 시간은 짧은 아쉬움보다 긴 여운이 있어야 하고 영감Inspiration을 통한 신과의 교감으로 정신적 위로를 얻고 어울려 즐기는 행위를 통해 공동운명체의 신뢰를 확인하는 것이다. 그 신뢰는 행복과 즐거움이라는 무미건조한 단어와는 그 무게감이 완전히 다른 형언할 수 없이 깊은 것이다.

우리는 불이 재료를 익히는 것 같지만 엄밀히 따지고 자세히 들여다보면 열과 연기로 익히다는 것을 알 수 있다. 바비큐에서 연기는 냄새가 아닌 맛으로 나타난다. 어떤 훈연재료를 사용했는가가 마지막 맛을 좌우하는 것이다. (훈연Smoking과 훈제Smoked는 음식 저장기술이 발달하지 못한 시대에 좀 더 오래 음식을 보관하기 위한 방법이지만 지금은 그 역할이 바뀌었다.) 아주 오랜 시간 천천히 조리하는 간접구이 방식이야말로 바비큐를 제대로 즐길 수 있는 가급적 안전하고 건강한 조리법이다. 그리고 전 세계 바비큐 애호국에서 대세로 자리 잡고 있다.

가. 불과 열 그리고 연기

"바비큐는 불이 아닌 열과 연기로 굽는 것이다."
만나는 사람들마다 가장 많이 하는 말 중 하나다. 우리는 바비큐하면 의례히 불을 떠 올린다. 물론 틀린 말은 아니지만 맞는 말인지 또한 따져봐야 한다. 우리가 흔히 알고 있는 직화구이도 자세히 보면 불 보다는 열에 익어간다는 사실을 알 수 있을 것이다. 우리나라에서 흔히 볼 수 있는 풍경이지만 필자가 언급한 'MT파이어'라는 말이 있다. MT가서 통상적으로 하는 일이 고기를 굽는 것인데 드럼통을 반으로 자른 오픈탑 그릴(Open top grill)에서 건강에 좋지 않다는 아연철망을 깔고 하나같이 불쑈를 하고 있는 모습을 빗대어 만들어 낸 말이다. 결국 활활 타 오르는 불 위에 있는 고기는 단언컨대 건강에 좋지 않다. 그래서 불을 피해 이글거리는 잉걸불(이글이글하게 핀 숯덩이)에 구워야 한다. 이것이 불이 아닌 열인 것이다.

연기 또한 바비큐에서는 아주 중요한 요소인데 앞에서 언급했듯이 연기는 통상 냄새라고 알고 있지만 바비큐에서는 그것이 맛으로 작용한다. 여기서 원칙이 있다. 잘 마른 활엽수나 과실수 등의 속살만 사용해야 한다는 것이다. 분명히 말해 두지만 '잘 마른 활엽수나 과실수의 속살'이라는 말에 주목해야한다. 침엽수나 마르지 않은 생나무는 훈연재료로 적합하지 않다. 거기서 나오는 각종 이취와 타르, 휘발성 가스등이 재료에 직접적인 영향을 미쳐 바비큐의 풍미를 망치고 건강상 좋지 않은 결과를 초래하기 때문이다.

이처럼 훌륭한 바비큐어의 역할이 좋은 불을 찾는 것이지만 그것은 아주 기본중의 기본이다. 그 불 속에서 건강한 열과 순도 높은 연기를 찾는 것 또한 매우 중요한 일이고 어찌 보면 전부라고 할 수 있는 것이다.

스포츠 바비큐의 기본도 여기서부터 출발한다. 최소한의 문명화된 그릴에서 그 옛날 태초의 바비큐에서 느꼈던 그들의 그 맛, 그 풍미, 그 놀라운 경험을 이 순간 내 앞에 만들어 내는 것. 그것이 스포츠 바비큐의 묘미인 것이다.

나. 미국 W사 그릴을 이용한 바비큐 만들기

바비큐 요리의 핵심 중 하나가 그릴이다. 태초의 원시바비큐하면 구덩이를 파고 나무에 불을 붙여 재료를 굽던 방식에서 유래된 Pit이라는 단어를 자주 사용한다. 그 구덩이 모양의 그릴을 직립 생활하는 현대인에 적합하게 골반사이즈 높이로 만들어 놓은 것이 현재 가장 보편화 된 콤팩드 그릴Compact grill들이다. 지구상에는 콤팩트 그릴을 만들어 내는 수많은 회사들이 있다. 그 회사들 마다 온갖 과학적 원리와 선을 이용해 그릴을 만들어 내고 있지만 가장 대중화 된 것이 미국의 W사 제품이다. 여기서 간단한 콤팩트 그릴 레서피를 몇 개 소개하고자 한다.

통삼겹살 바비큐 Whole pork belly

T-Table spoon, t-tea spoon

재료

삼겹살Pork belly 5kg, **소금**Sea salt 5T, **흑후추**Black pepper 1T, **황설탕**Yellow sugar 5T, **마늘가루**Garlic powder 1/2T, **생강가루**Ginger powder 1/2T, **양파가루**Onion powder 1T, **고춧가루**Hot pepper 1T, **정향가루**Clove powder 1/2t, **로즈마리**Rosemary 1t, **바질** Basil 1t, **오레가노**Oregano 1t

만드는 법

1. 양념과 향신료 등의 재료를 충분이 섞어 1시간 정도 랩을 씌워 상온 보관한다.
2. 고기의 물기를 완전히 닦아 낸 다음 럽 파우더를 골고루 바른다.
3. 1시간 정도 상온 보관한다.
4. 그릴을 '간접구이 방식Indirect Method으로 목표온도 보다 20~30도 정도 높여 예열한다.

5. 음식석쇠Cooking grate를 철 부러쉬로 깔끔하게 밀어내고 키친타올에 기름을 묻혀 바른다.
6. 1시간 이상 물에 담가 둔 훈연재료를 탄 위에 올린다
7. 삼겹살 겉면(지방층)을 위로해서 석쇠에 올린다
8. 그릴 내부온도를 섭씨 100도로 맞춰 6시간 조리한다.

한우등심 바비큐 Whole sirloin barbecue

재료

쇠고기 등심 Beef sirloin 5kg, **소금**Sea salt 5T, **설탕**Sugar 5T, **후추**Pepper 1½T, **마늘가루**Garlic powder 1/2T, **생강가루**Ginger powder 1/2T, **양파가루**Onion powder 1T, **고춧가루**Hot pepper 1/2T, **로즈마리**Rosemary powder 1/2T

만드는 법

- 재료를 구입 시 가급적 진공포장 된 재료를 구하고 개봉 시 가급적 물에 씻지 않는다.
- 겉면의 수분을 충분히 제거한다.
- 양념 재료를 섞어 제조한 럽을 1시간이상 상온 보관한 후 골고루 바르고 문지른다.
- 간접구이 방식으로 셋업한 그릴에 1시간 이상 물에 담가 두었던 훈연재료를 탄 위에 올린다.(순도 높은 참나무 속살)
- 섭씨 95도에서 7시간 훈연 조리 한다.
- 미디엄 레어(내부온도 섭씨 60도) 정도에서 쿠킹을 멈추고 30분 정도 상온 레스팅Resting과정을 거쳐 본인들이 원하는 취향에 맞춰 직화구이로 마무리 한다.

럽 소개 Shaka's Rub (Oriental basic rub)

우리나라에서 가장 많이 사용하는 양념을 기본으로 가장 적합한 배합비율을 찾아 표준화 해 놓은 Shaka의 브랜드 럽Brand Rub을 이야기 한다.

재료

소금Sea salt 1T, **설탕**Sugar 1T, **후추**Pepper 1/5T, **마늘가루**Garlic powder 1/5T, **생강가루**Ginger powder 1/5T, **양파가루**Onion powder 1/2T, **고춧가루**Hot pepper 1T

참고설명

간접구이 방식 : 그릴 내부 숯석쇠Charcoal grate 중앙에 드립팬Drip pan을 설치하고 양쪽 공간에 탄을 배치하는 방법으로 가장 보편적으로 사용하는 방식 임.(아래 그림은 간접구이 방식의 기본적 셋업 임)

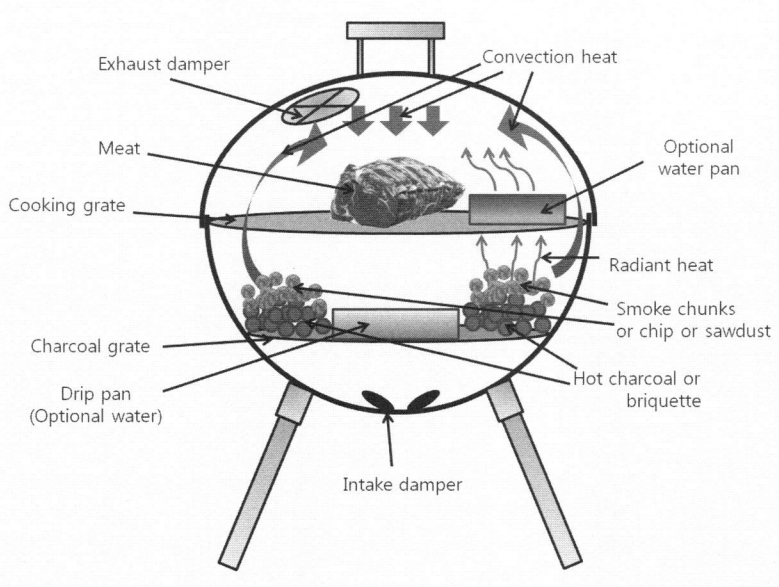

다. 고기의 선택

한우

한우의 등급은 지방의 분포도와 육색으로 나뉘는데 간접구이 방식 과정에서는 등급이 그리 중요하지 않다. 어찌 보면 지방분포가 많은 1++등급은 오히려 부적절하다고 볼 수 있다. 작업과정에서 과다한 지방의 유출로 인해 맛에 좋지 않은 영향을 끼치기 때문이다. 그런 이유로 지방의 분포는 낮고 육색은 검붉은 것을 선택하는 것이 좋다. 어찌 보면 고기의 역설이라고도 할 수 있는데 낮은 온도에서 장시간 요리하는 동안의 직화요리 과정에서 요구되었던 스펙과는 많이 다르기 때문에 가능한 일이다.

이렇듯 그동안 지방분포도에 따른 부위별 소비 치우침 현상에서 리얼 스포츠 바비큐를 이용하면 많은 부분 다양한 부위의 맛과 풍미를 경험할 수 있다.

바비큐로 할 수 있는 한우부위는 다양하다. 그동안 등심과 안심위주의 소비에서 벗어나 앞다리, 뒷다리, 엉덩이까지 사용이 가능하고 심지어는 국물이나 탕요리용으로만 쓰이던 양지부위도 바비큐가 가능하니 얼마나 다양한 맛과 풍미를 느낄 수 있겠는가!

한돈

한돈도 한우와 같이 지방과 육색으로 등급을 나누지만 리얼 스포츠 바비큐 과정에서는 그리 중요하지 않다. 한돈의 경우 그동안 당연 삼겹살 위주로 목살, 족발 등이 많이 선호되는 부위지만 리얼 스포츠 바비큐의 세계에서는 전 부위의 사용이 가능하다. 심지어 머리부위도 요리를 했을 경우 다양한 맛과 풍미를 느낄 수 있다. 또한 돼지고기 바비큐의 또 다른 특징은 껍질부분에 대한 열광이다. 숟가락으로 툭치기만 해도 바사삭 부서져 내리는 껍질의 크리스피Crispy한 질감과 맛은 바비큐 애호가들의 구미를 충족시키기에 부족함이 없다.

냉동 수입고기와는 달리 한돈은 국내 냉장유통이 되는 과정에서 적당히 숙성되기 때문에 지미 성분도 높아져 요리를 했을 경우 훨씬 풍부한 고소함과 감칠맛을 느낄 수 있다.

한돈의 구입은 가까운 정육점에서 구입하는 것이 좋고 가급적 정육점 입고가 좀 지난 것으로 주인장과 잘 타협하면 에누리도 있을 것이다.

삼겹살의 경우 지방층의 두께가 일정하고 무게가 5kg을 넘지 않는 것으로 구입하는 것이 좋다. 육색은 한우와는 달이 선홍색이지만 집착할 필요는 없고 지방색 또한 너무 하얀 것을 선호할 이유는 없다. 필자의 개인적인 소견으로 정육점 주인장과 고기에 대한 대화를 많이 하라는 것이다. 그리고 돼지 잡는 날, 소 잡는 날이라는 이벤트에 혹하지 말라는 것이다. 돼지고기는 열흘, 쇠고기는 보름정도 지난 것이 맛과 향도 좋다. 물론 제대로 냉장 보관되어 있어야 한다는 전제는 기본이다. 정육점 냉장고가 가정집 냉장고보다 보관상태가 좋다.

우리 직화구이 바비큐 문화는 재료를 불 위에서 바로 익히는 방식으로 양념을 한 고기의 경우 쉽게 탈 수 있는 여지가 있다. 그래서 양념을 한 경우는 팬에서 굽는 것이 좋고 생고기 형태로 된 것은 난이도는 있지만 석쇠에서 굽는 것이 좋다.

물론, 간접구이방식으로 요리를 할 때는 양념을 하던 럽을 하던 염려할 일이 아니다.

라. 럽(RUB)

필자가 리얼바비큐를 시작할 20여년전만해도 시중 마트에는 소금이면 소금, 후추면 후추로 존재하고 있었지 지금처럼 여러 가지를 섞은 형태의 바비큐 양념은 없었다. 그러다가 허브솔트를 시작으로 지금은 간단한 럽 종류도 더러 나와 있는 곳이 있다. 그러니 기존의 상품화된 럽을 이용하는 방법도 권유해 볼 일이다.

럽의 기본은 소금이다. 아무리 뛰어난 선수라 할지라도 소금이 바뀌면 좀

혼란스럽다. 소금만큼은 다양한 경험을 통해 어느 정도 간파를 하고 있는 것이 좋다.

현재 국내 시장에는 아직까지 활성화 된 럽 시장이 없지만 코스트코나 트레이더스 같은 대형마트에 가면 종종 볼 수 있다. 사실 국내에서 생산, 판매되는 허브솔트도 아직 초보적인 단계이기는 하지만 소비자들이 한 번쯤 관심을 가지고 사용해 볼 필요도 있다. 다행히 현재 나와 있는 스펙은 포장된 양이 적기 때문에 별 부담 없이 구입해서 사용해 볼 수 있다.

마. 바비큐의 열원

바비큐에서 가장 중요한 선택이며 열원의 특징을 제대로 이해해야만 좋은 결과를 얻을 수 있다.

바비큐를 하는데 가장 중요한 요소로써 최우선적으로 고려해야 할 것이 바로 어떤 연료를 사용하느냐 하는 점이다. 연료가 연소하는 과정에 유해물질의 배출이 없어야 할 것이며 그 다음이 안정적 연소이고 그 다음이 연소시간이다. 바비큐를 하면서 재료이외에 가장 많은 비용이 들어가는 부분이 연료의 선택이다. 그래서 경제적인 면도 고려해 적합한 연료를 선택하는 것이 다양한 바비큐를 즐기는데 도움이 된다.

바비큐를 하기에 가장 좋은 열원으로는 참나무, 히코리, 단풍나무, 너도밤나무로 만든 숯으로 지금도 세계의 바비큐 요리사들이 선호하는 것으로 알려져 있다.

이렇듯 바비큐는 어느 열원을 사용하느냐에 따라 맛과 풍미가 달라진다. 그러므로 좋은 열원의 선택은 바비큐 요리사들에게 있어 매우 중요한 일이다. 각 열원의 장단점을 알고 나에게 맞는 열원을 선택할 줄 아는 능력이 있다면 그것은 선수로써의 한 단계 도약한 것이다.

차콜 Charcoal

나무를 섭씨 1000도 이상 고온의 가마에서 구워서 물과 휘발성 물질을 날려 순수한 탄소만 남은 상태로 국산 참나무숯이 가장 좋은 것으로 알려져 있다. 산지에 따라서 다소 차이가 있지만 굽는 방법의 차이가 있다. 또 구워서 식히는 방법에 따라서 흑탄과 백탄으로 나눠진다. 가장 순수한 탄소의 형태이며 습열의 기능을 가지고 있어 재료를 구웠을 경우 촉촉한 질감과 특유의 풍미를 얻을 수 있어 바비큐 요리사들에게 가장 이상적인 열원으로 찬사를 받고 있다. 국내산 이외에 각종 수입숯이 있지만 제조과정상 신뢰성의 차이로 업소 이외에 그리 애용되는 숯은 아니다.

브리켓 Briquette

일명 조개탄이라고도 한다. 바비큐를 하기 위해 최적화 된 숯으로 종이, 잡목,무연탄 등을 거푸집에 넣고 전분으로 모양을 내 건조한 것. 불조정이 용이하고 습열의 기능도 가지고 있다. 하지만 제조과정상 유해한 착화제가 포함되어 있는 것들이 있어 선택에 신중함을 기해야 한다. 가급적 완전히 착화되어 유해성분이 완전히 사라진 후 사용하는 것이 좋다.

화목 火木, Fire wood

마른 통나무로 화로대의 연료로 사용되어지지만 가끔 카우보이 워밍그릴의 좋은 열원이 된다. 덜 마른 것은 연기가 매우 심하므로 잘 마른 것을 사용하는 것이 좋다. 연기가 덜 나며 오래 타는 참나무가 가장 좋은 것으로 알려 져 있다.

가스 Gas

가스종류에 따라서 약간의 차이는 있지만 일정한 열량과 온도조절이 용이하고 깔끔하다는 잇점 때문에 빌트인 그릴에 많이 사용되고 있다. 이동용 그릴에도 가스그릴이 출시되고 있지만 그 열의 특징이 건열에 가깝기 때문에 애호가들 사이에서는 그리 선호하지 않는다.

전기 Electricity

오븐에 많이 사용되어지는 열원이다. 열 조절이 용이하고 조리가 깔끔한 것이 특징이다.

태양열 Solar heat

태양열 반사판을 이용하거나 태양전지를 이용해 요리하는 그릴이 있지만 아직 대중화보다 실험적으로 사용하는 경우가 많다.

우드펠릿 Wood pellet

나무나 숯가루를 압착해 작은 알갱이로 만든 것으로 훈연재로 사용하는 나무를 위주로 만들어 진 것이 현재 시판 중에 있다.

바. 점화 불관리 열관리

온도는 바비큐요리를 하는 과정에서 가장 중요한 요소 중 하나다. 온도가 낮으면 요리가 완성되는 시간이 오래 걸리고 온도가 높으면 겉은 타고 속은 안익는 상태가 되어 낭패를 보게된다. 하지만 너무 천천히 요리를 한다고 좋은 것도 아니고, 반대로 너무 빨리 요리를 한다고 해서 옳은 것 또한 아니다. 재료에 맞는 온도를 선택해서 최상의 맛과 향, 부드러움까지 잡아 낼 수 있는 것이 바비큐요리사에게는 매우 중요한 일이다. 낮은 온도에서 오랜 시간 완성된 요리는 부드러우며 향과 맛이 훨씬 풍부할 것이고 높은 온도에서 짧은 시간 완성된 요리는 급격한 수분의 손실로 퍽퍽하며 질감이 거칠고 타는 경우가 발생 할 수 있다.

- 그릴은 기본적으로 상단부위와 하단부위에 통풍조절구가 있다. 상하단 통풍조절구가 모두 열려 있으면 그릴내부의 온도는 최고로 높아질 것이다. 이것을 기본으로 상하단 통풍조절구를 조절해 그릴내부의 온도를 제어하는 것이 중요하다. 오랜시간의 경험과 연습으로 그릴내부의 온도를 원하는 대로 제어할 수 있다면 비로소 바비큐요리사로서의 기본은 갖춘 셈이다. 여기서 팁 하나를 드리자면 하단통풍조절구는 큰폭의 온도차

를 조절하는데 사용하고 상단통풍조절구는 미세한 온도조절에 용이하다. 상하단 통풍조절구가 기본적으로 그릴 내부의 온도를 조절하는 기능을 가지고 있지만 그릴내부의 수분조절도 가능해 상단 통풍조절구의 감각적인 활용으로 수분의 손실을 최소화 해 더 좋은 결과물을 얻어 내는데 요긴하게 사용할 수 있다.

사. 그릴 제어 방법 (Grill control)

그릴 용어 및 용도별 기능을 숙지한 후 지속적인 반복연습을 통해 빠른 시간 안에 최적화 하도록 노력한다.

상단통풍구 Top vents – Exhaust vent
미세한 온도폭을 조절하는데 사용하며 그릴 내부의 수분손실을 막는 역할도 한다.

하단통풍구 Bottom vents – Intake vent
큰 폭의 온도를 조절하는데 사용하며 초기온도를 안정화 하는데 결정적 역할을 한다.

온도제어 Temperature control
바비큐를 하는 과정에서 가장 중요한 것은 그릴 내부온도를 최대한 안정화하고 지속시키는 일이다. 이것은 오랜 훈련과 고도의 테크닉을 필요로 하는 작업이다. 초기온도는 매우 높다. 그 온도를 짧은 시간에 제어하고 좋은 결과를 얻기 위해서 작업 초반의 온도제어는 매우 중요하다.

수분제어 Moisture control

바비큐어가 해야 할 것은 성공적인 결과를 얻기위해 최적의 온도와 지속성을 끌어내는 것도 중하지만 그릴 내부의 수분을 잡는 일에도 신경을 곤두세워야 한다. 왜냐하면 그 테크닉에 따라 결과물의 부드러움이 좌우되기 때문이다.

아. 완성

결과물 꺼내기 complete

완성된 요리는 튼튼한 집게나 터너를 사용해 적당한 크기의 도마나 사각쟁반으로 안전하게 옮겨 담는다.

휴지기 Resting

바비큐가 익어가는 과정에서 열로 인해 밖으로 밀려나왔던 수분이 상온에서의 휴지기를 통해 다시 내부 전체로 스며들면서 부드러운 질감을 갖게 되는 과정을 말한다.

옮겨 담은 결과물은 뚜껑을 덮거나 알루미늄 호일로 감싼 뒤 일정시간 상온에서 휴지기를 갖는다. 이 과정에서 밖으로 밀려났던 수분이 다시 결과물 속으로 들어가는 과정을 거쳐 결과물이 부드러워지는 효과를 거둘 수 있다.

커팅법 Cutting

고기는 두께와 방향에 따라 서로 다른 질감을 얻을 수 있다. 두꺼울수록 씹는 느낌을 느낄 수 있고, 얇을수록 부드러운 느낌을 느낄 수 있으며 육회를 잘 만드는 사람들이 횟감고기의 반은 고깃결방향으로 또 반은 고깃결 반대방향으로 썰어서 씹는 질감과 부드러운 느낌을 동시에 주는 것과 같은 이치라 할 수 있다.

역방향 커팅법 Cross cut

고깃결과 반대방향으로는 부드러운 느낌을 느낄 수 있다.

순방향 커팅법 Rip cut

고깃결과 같은 방향으로는 씹는 느낌을 살릴 수 있다.

엇방향 커팅법 Slant cut

고깃결을 비스듬히 잘라 두께와 넓이 조절을 통해 썰어내는 방법

셋팅법 Setting : 추후실습

지금까지 고생한 결과를 보상받는 순간이다. 아마도 이 순간을 놓쳐버리고 싶은 바비큐 요리사는 한명도 없을 것이다. 아무리 바비큐가 아웃도어 요리라 해도 실내레스토랑에서 즐기는 비주얼을 포기할 수 없는 일이기 때문이다. 주변에서 잠시 실례할 수 있는 나뭇잎이나 들꽃들을 적당히 활용하고 아울러 바비큐의 가장 큰 장점을 살려 넉넉하고 푸짐하게 나눔의 기쁨을 접시에 담아 낼 수 있으면 아주 훌륭한 접시가 완성될 것이다.

자. 소스

소스 Sauce

아웃도어문화의 꽃은 바비큐이고 바비큐의 꽃은 소스라고 한다. 소스는 완성된 음식에 색과 향, 맛을 더 해 요리의 비주얼과 풍미를 돋우는데 엄청난 영향을 미친다. 이렇듯 주 요리의 맛을 해하지 않으면서 맛을 완성시켜주는 것이 좋은 소스인 것이다. 훌륭한 바비큐요리사는 바비큐 요리 실력뿐 아니라 소스를 만드는 작업도 게을리 해서는 안된다.

드레싱 Dressing

샐러드나 전채요리에 사용되어지는 것으로 옷을 입는 것처럼 샐러드 위에 뿌리는 소스, 샐러드유와 식초를 기본으로 소금과 후추를 기본으로 당류, 향신료 등 그 외 식품첨가물을 가해 유화시키거나 분리액상으로 제조한 것. 잘게 썬 야채와 각종 향신료를 사용해서 구미에 맞게 만들어 샐러드나 전채요리 위에 살짝 끼얹어 먹는다.

바비큐 기초
- 용어 및 재료 -

가. 바비큐

- **Acidic**
  산미나 신맛을 의미한다.

- **Al dente**
  적당히 씹히는 맛의 음식을 이야기한다, 파스타의 겉은 익고 속은 씹히는 맛을 표현하는 경우가 많다.

- **Arni kleftiko**
  그리스에서 특별한 일이 있을 때, Pitmasters들은 피자오븐 같은 황토 오븐속에 나무에 불을 붙이고 양이나 염소를 도살하고 손질해서 오븐에 넣어 점토로 밀봉하고 한시간정도 고기를 굽는다. 산속 동굴에 사는 산적들에 의해 처음 발명된 요리라는 전설이 있어서 그것을 '산적의 양'이라고 불렀다. 양고기 레몬, 마늘, 소금, 양파, 오레가노, 올리브 오일, 야채 및 기타 향신료와 양념한 다음 잎이나 천에 싸서 굽는다.

- **Asado**
  아르헨티나, 브라질, 우루과이, 그리고 다른 라틴 아메리카 국가에서 전통적인 방법으로 재료 원형 그대로 펼쳐서 매달아 Live fire에 굽는 전통적이면서 원시적인 요리이다.

- **Aspic**   콜라겐이 녹아서 냉장된 젤라틴을 이르는 말이다.

- **Au jus**   고기의 자연 물방울로 만든 육즙 및 주스를 이르는 용어다.

- **Baking**   오븐이나 큰 뚜껑이 있는 밀폐된 용기에서 건열로 요리하는 방법입니다.

- **Baking powder**   볼륨을 증가하기 위해 사용한다, 효모보다 훨씬 빨리 이산화탄소를 만든다.

- **Baking soda**   중탄산나트륨을 이른다.

- **Barbacoa or barbecoa**   카리브 인디언들의 나무선반 위에 하던 고기요리를 이르는 말로 정확한 뜻은 '푸른연기가 나는 사각나무틀'이라는 설이 있다.

- **Barbecue sauce**   케찹의 빨강색, 갈색, 머스타드의 노랑색에 이르기까지 매우 다양하다. 바비큐를 완성시키는데 매우 중요한 요소다. 바비큐의 꽃이라 부른다. 가장 많이 사용되는 재료는 식초, 케첩, 토마토, 머스타드이다.

- **Bark**   지각과 같은 갈색으로 바삭한 육포같이 Maillard reaction(아미노산과 환원당이 반응하여 갈변하는 현상)에 의해 형성되며 이런 바싹한 질감의 껍질을 좋아하는 사람들도 있다.

- **BBQ Guru**   바비큐에 미친사람을 이르는 말이다.

- Bean hole cooking | 인디언에 의해 개발된 요리법으로 큰 구멍을 파고 달구어 진 돌 위에 콩을 넣은 항아리를 배치하고 먼지와 이물질이 들어가지 않게 커버를 덮어서 요리하는 방법이다. 하와이 IMU, 사모아 UMU, 뉴질랜드 Hangi와 유사 방법으로 현존하는 원시적인 바비큐형태이다.

- Bear paws | 곰발바닥처럼 생긴 풀드포크 같은 덩어리 고기를 찢는데 사용하는 도구다.

- Beer | 알콜도수 3~6%, 요리를 향상시키기 위해 소스나 마리네이드에 주로 사용한다.

- Beer can chicken or beer butt chicken | 맥주캔에 통닭을 꽂아 굽는 요리로 최고의 비주얼을 주지만 정착 그리 자주하는 것은 아니며 심지어는 쓸모없는 요리라고 말하는 사람들도 있다.

- BGE, Big Green Egg | 큰 녹색계란처럼 생긴 큰 그릴을 이르는 말이다, 인기 있는(a popular) kamado cooker가 여기에 해당한다.

- Bitter | 쓴맛을 말하며 다섯가지 맛중 하나다. 신맛과 혼동하기 쉽다, 녹색채소, 홉, 감귤껍질 등에서 많이 난다.

- Blanching | 끓는 물에 아주 짧은 시간 담갔다가 냉수로 이동시킨다. 녹색야채나 특별한 콩, 소금을 이용하면 선명한 녹색을 얻을 수 있다.

- Blind box | 바비큐 경기팀이 프리젠테이션을 위해 결과물를 제출하는데 사용하는 대형 일회용 도시락처럼 생긴 박스를 이르는 말이다.

- Boiling   삶거나 데치는 것으로 물은 212°F(100°C)에서 끓고 알콜은 172°F(78°C)에서 끓는다. 열을 더해도 온도는 올라가지 않는다. 고도에 따라서 다르다. 혼합물이면 액체가 열을 증가시켜 훨씬 더 빨리 끓는다. 다만 비타민의 파괴와 수분이 빠져 음식을 손상시키고 건조해 질 수 있다.

- Boogers   요리할 때 표면에 맺히는 질척한 우유 같은 액체, 주로 근섬유내의 단백질 함유액체이다. 그것은 주로 미오글로빈(근육 및 근육세포들 사이의 공간을 채우는 단백질을 함유한 물)이다.

- Bottle o' red 식당 속어로 케첩을 이르는 말이다.

- Braai   바비큐파티로 남아프리카공화국에서 아프리카어로 브라이라고 부르는 바비큐 요리로 a bring-and-braai라고 각자 먹을 고기를 가져와서 하는 바비큐파티다 9월 24일은 국립 브라이데이로 공휴일이다. "Shaka's day"라고도 한다.

- Braising   삶거나 찜처럼 끓인다. 일반적으로 스튜의 고기보다 크다. 더치오븐이나 슬로우 쿠커를 주로 사용하고 뚜껑을 이용한다.

- Brine   Wet brine은 물과 소금을 섞어서 사용하고 Dry brine은 소금을 음식표면에 바르는 것이다. 소금이 용해되면서 고기로 확산된다. 이것은 요리하는 동안 수분 속에 단백질을 유지하는데 도움을 주고 맛을 증가시킨다. 많은 전통적인 조리법은 젖은 염수 속에 주스, 허브와 스파이스 그리고 다른 것 등을 사용한다.

- Broiling 불꽃의 직접열에 굽는 것으로 그릴링과 유사하다. 최근에는 의미를 혼동해서 많은 사람들이 과도하게 사용하는 경향이 있다. 요리의 특성상 실내에서 하는 것은 상술이다. 야외에서는 이것을 char-broiling이라고 부른다.

- BTU British Thermal Units로 1파운드의 물을 1°F 올리는데 필요한 열량을 말한다.

- Bullet 총알 모양의 둥근 뚜껑을 가지고 있는 드럼 모양의 쿠커를 이르는 말로 이름에 따라서 다르게 부른다. Weber WSM이 여기 해당된다.

- Cabinets 사각으로 되어있고 앞에 문이 있으며 냉장고처럼 사용되어지는 것으로 밖에서 고기, 연료, 나무, 물 등을 사용하기 용이하고 석쇠위치 조절이 가능하다. 나무, 숯, 가스, 전기를 연료로 사용할 수 있다. 종종 윗면은 작업표면으로 사용될 수 있다.

- Cadillac (aka competition) cut 캐딜락(일명 경기)컷을 말하는 것으로 바비큐 대회에서 각 심판이 뼈가 포함되어 있는 고기를 가질 수 있도록 참가자 개인은 뼈를 포함해 그들이 원하는 모양으로 반듯하고 편평한 모양의 조각으로 컷을 해서 제출해야 한다.

- Capsaicin 칠리페퍼의 매운맛을 화학적으로 만든 것이다.

- Cabrito 구워진 또는 훈제염소를 이르는 말이다.

- Caramelization 달콤한 음식을 얘기할 때 얘기하는 설탕의 갈색을 이야기하며 열에 산화한 풍부한 맛을 낸다. 복잡한 카라

멜이나 버터맛. Caramelization은 아가베나 복숭아처럼 과당으로 230°F(110℃)에서 시작해 320°F(160℃)에서 테이블당이 된다. 너무 과하면 몸에 이롭지 않은 탄화가 일어나고 그것은 숯을 만드는 방법과 같다. 메일라드반응과 비슷하지만 전혀 다른 것이다.

- **Carnivore**
  육식동물을 뜻하는 말로 단지 고기만 먹는다.

- **Carry over effect**
  이월요리현상이다. 음식의 외관은 고온이기 때문에 열을 제거해도 열은 고기의 중심으로 계속 이동되는 현상을 말한다. 칠면조 가슴살이나 쇠고기 갈비등 두꺼운 고기는 그릴에서 꺼낸 다음에도 15분 동안에 5°F에서 10°F까지 상승할 수 있다. 닭가슴살등 얇은 고기조각도 몇도 정도는 상승할 것이다. 5°F도에서 10°F는 칠면조 표면을 촉촉하게 만들기 때문에 중요한 변화 폭이다. 좋은 결과를 보상받기 위해서는 좋은 온도계를 사용해야 한다. 목표온도 5°F 아래에서 고기를 꺼내 이 현상을 이용하면 아주 흡족한 결과를 얻을 수 있을 것이다.

- **Cast iron grates**
  철석쇠로 매우 무거운 석쇠라서 천천히 가열된다. 열을 오랜시간 유지한다. 매우 어두운 그릴마크를 만든다. 이것은 부식을 막는 것과 청소가 어렵다.

- **Cast iron cookware**
  철 조리기구로 카우보이들이 사용하던 조리도구, 일반적으로 주철로 된 더치오븐. pans, pots, and griddles 같은 것으로 기존의 전통적인 그릴로 사용해 오전 것들이다.

- **Char-broiling**
  숯불요리를 말하는 것으로 차콜그릴보다 가스그릴

을 더 많이 만들지만 큰 그릴을 만드는 회사에서 만든 Char-broil로 숯불위에서 직화로 굽는 것을 의미한다. 그릴 브랜드이기도 하다.

- Charcoal

  차콜은 통나무나 그 가지로 만들어 지고 브리켓은 톱밥의 결합체로 만든 덩어리다. 차콜은 숯이라는 카본 생성물이 형성될 때까지 서서히 저산소 용기내에서 나무를 연소시킴으로써 만들어 진다.

- Chile

  칠리, 피망, 할라피뇨, 앤쵸, 등 기술적으로 야채가 아닌 고추식물의 다채로운 과육이다. 이 고추는 후추와 동일하지 않다. 대부분의 칠리는 신경을 마비시킬 수 있기 때문에 흥미롭게도 대상포진 질환에 대한 진통제로 연고에 사용된다. 캡사이신이라는 것은 화학자극을 얻을 수 있기 때문에 뜨겁고 맵다. 몇몇 고추는 녹색과 빨강색 피망처럼 맵지 않고 아주 달콤한 것도 있다.

- Chimney starter

  굴뚝처럼 생긴 장비로 차콜에 불을 붙이는 가장 좋은 기구이다, 신문이나 다른 종이를 구기거나 작은 덤불같은 것을 아래 넣어 숯이나 브리켓을 점화시킨다. 스타터 액체는 사용하지 않는다. 차콜에 스며 고기에 이상한 맛을 첨가할 수 있기 때문이다.

- Chine

  등뼈나 등심으로 rib bones의 상단 등뼈로부터 립부분이 제거됐을 때 척추와 연골의 일부에 의해 서로 연결되어 있을 수 있다. 차인은 스테이크나 립찹이 부착된 갈비뼈를 어렵게 분리해서 만든다. 정육점에 요청하면 쉽다.

- **Chinese barbecue** 중국 바비큐의 재표적인 것으로 챠슈라고 부른다, 양념한 포크로인, 립, 오리를 오븐에 매달아 굽는다. 미국의 일부 레스토랑은 숯을 사용하지만 대부분은 요즘 가스를 사용한다. 일부 역사학자들은 중국이 바비큐를 발명했다고 설득력 있게 주장하는 경우가 있다.

- **Chopped** 다진 것으로 일반적으로 1/2~1/4인치의 부정확하고 거친모양의 덩어리로 자른 음식을 이르는 말로 다이스나 민스보다 큰 대략 엄지 손톱 사이즈 정도의 크기다.

- **Churrasco** 브라질에서 대중적으로 잉걸불이나 석탄위에서 돌리면서 바비큐하는 방법으로 원래는 야외에서 이루어 졌다. 그러나 지금은 churrascaria라 불리는 많은 레스토랑이 있다. 하나의 가격에 제공하는 많은 곳이 브라질보다 심지어 미국에서 더 많이 나타난다. 이 단어는 포르투칼어에서 유래되었다.

- **Clam bake** (옥외에서 조개등을 먹는) 해산물 파티로 하와이언 IMU같은 요리로 조개나 옥수수, 다른 음식재료들을 젖은 해초에 싸서 뜨거운 석탄에 달궈진 바위(돌)와 함께 모래구덩이에 묻어서 요리하는 방법이다.

- **Collagen** 콜라겐은 근육의 외장을 둘러 싼 결합조직으로 요리할 때 고기의 부드러운 식감을 주는 단백질의 젤라틴이 녹아있는 것이다.

- **Convection** 대류로 열전달방법중의 하나다.

- **Cooker** 쿠커는 전기프라이팬에서부터 땅을 파고 목탄을 배치한 어떤 요리장치들의 일반적인 이름을 통틀어 말한다.

- **Cooking chamber**   이것은 음식을 요리하는 닫힌 영역이다. 어떤 스모커는 조리실과 연료에 불을 붙이는 화이어 박스가 분리되어 있다.

- **COS**   Cheap offset smoker(싼 오프셋 스모커), 반대 EOS Expensive Offset Smokers(비싼 오프셋 스모커). 차이는 여러 가지가 있지만 철판의 두께에 따른 축열률의 차이라고 할 수 있다

- **Cracklings**   탁탁 소리나는 튀긴 돼지껍질을 이르는 말로 돼지껍질을 바삭바삭한 튀김이나 구이로 요리한 것으로 전통적으로 돼지기름에 튀기거나 느린 속도로 바비큐가 되는 것이다. 소금은 자유롭게 뿌리고 튀김이나 구이로 바삭바삭하고 맛있게 만든 바삭한 돼지껍데기를 이르는 말이다.

- **Crust**   지각이 선명하고 바삭바삭한 표면으로 때로는 랜더링된 지방과 굳은 향신료의 두께 때문에 만들어는 그것은 때로는 건조된 나무껍질 같은 표면질감이며 때로는 캐러멜화와 메일라드반응에 의해 버거나 스테이크 위에 만들어 지는 어두운 갈색을 띤 표면에서 얼을 수 있다.

- **Cures and curing**   보존과 염지를 이야기 하는 것으로 사실 염지는 고기를 화학적으로 바꾸는 요리처럼 차가운 온도에서 보통 수행한다. 염지는 다음 중 일부 또는 모두의 중량 용도별 고기의 보존을 포함한다.
Salts, sugars, sodium nitrite, sodium nitrate, sodium erythorbate, sodium phosphate, potassium chloride, liquid smoke, smoke, 그리고 다른 허브들과 스파이

스들은 각각 다르게 작용해 고기 화학성분을 변경함으로써 일부 미생물의 성장을 억제하고 색상을 변경하며 효소가 소화를 촉진한다. 물론 고기를 맛까지 상승시킬 수 있다.

- **Dalmatian rub** 달마시안 럽을 부르는 말로 단지 Salt and pepper로만 한 럽을 이르는 말이다.

- **Danger zone** 위험지역(온도)다 USDA(미농무성)에서 말하는 미생물이 고속 성장하는 41-135°F.(5℃~ 57℃) 온도범위를 말한다.

- **Dash** 대쉬는 음식에 추가하는 소량의 양념, 1/8 teaspoon정도다.

- **Deep frying or deep fat frying** 튀김이나 깊은 지방 튀김으로 높은 온도에서 하는 대류 요리로 포트나 팬에서 기름이나 지방에 담가서 usually 350°F~ 360°F(176.6℃~182.2℃)에서 튀기는 방법을 이야기한다.

- **Diced** 완두콩 크기의 작은 알갱이로 자르는 것을 이야기 한다. 내 손 새끼손톱 사이즈의 1/4~1/8크기의 작은 조각으로 자르는 것이다.

- **Dip** 바비큐 딥은 일반적으로 약한 식초기반의 소스로 그들은 종종 Mop로 사용한다, 일반적으로 순전히 다른 곳인 노스캐롤라이나 지역에서 주로 사용되는 용어다.

- **Direct heat cooking** 직접 열 요리를 말한다.

- Done
완료되었다는 뜻으로 사용한다. 고기의 가장 두꺼운 부위가 소망하는 온도에 도달할 때 고기가 완성된다. 그것이 완성되었을 때 먹는 것이 안전하다. 즉 이것은 준비가 아닌 완성을 의미한다.

- Draft
드래프트는 공기가 연소지역을 관통해 통과하는 것을 이야기하고 그 길을 지나가는 중에 연소가스와 섞여 상승하고 팽창하며 뜨거워진다. 흡기구로 들어오고 배기구 또는 굴뚝으로 나간다. 그들은 조리실을 들어오고 나가고를 반복한다, 그것을 Draft라고 부른다, 그것은 더 한 연소를 위해 신선한 산소를 자연스럽게 흐르게 하는 길이다. 바비큐어에게 가장 중요한 기술이며 이 과정이 자연스럽게 숙달되도록 연습하고 또 연습해야 한다.

- Dry-aged beef
건조숙성쇠고기로 고기 숙성되는 과정이다. 대게 쇠고기 립아이나 스트립 스테이크를 사용한다. 온도 및 습도가 제어된 환경에서 효소와 곰팡이는 육류를 건조하고 맛을 농축하는 경우가 생긴다. 이 과정에서 종종 새로운 것을 만들어 내는데 아마도 버섯을 연상시키는 이국적인 감칠맛이 풍부한 치즈나 심지어 극단적인 프로슈토에서 나는 맛일 수도 있다. 가장 일반적이며 28일 이전에 확인이 어렵고 매우 고가이다.

- Dry-cured ham (aka country ham)
건조 경화 햄(일명 컨츄리햄)은 큰 소금더미에 파묻거나 소금을 피부에 문지른다. 종종 설탕, 블랙페퍼, 마늘 등 다른 향신료들을 혼합한다.

- Dry brine
고기를 요리하기 전에 소금을 끌어들여 고기에 염분을 주는 것이다. 소금은 요리하는 동안 수분을 유지시켜 단백질을 도와주고 맛을 향상 시킨다. 얇은 것은 1~2시간 수행할 수 있다.

- Drying   건조는 공기의 흐름이 많고 습도가 낮은 곳에서 약간 따뜻하게 음식을 탈수하는 과정이다. 식품 보존에 있어 아주 좋은 방법이다. 대부분의 미생물이 번성하기 위해서는 수분을 필요로 하기 때문이다. 그것은 또한 맛을 깊이 있게 농축한다, 육포는 건조식품의 좋은 샘플이다.

- Dry rub   드라이 맛사지는 소금과 후추, 설탕에 허브와 스파이스를 섞어서 맛과 크러스트 형성에 도움을 주기위해 음식에 적용한다. 이와 반대로 젖은 럽은 물과 기름을 조화롭게 혼합하여 보다 더 부착을 용이하게 하는데 도움을 준다.

- Egg   대중적이고 선구자적인 '빅 그린 에그'라 불리는 카마도스타일의 쿠커로 그것은 달걀모양이다. 높은 온도까지 가열하는데 매우 작은양의 차콜을 필요로 하고 밀봉되어있기 때문에 매우 효율적입니다. 세라믹 재료로 만들어 졌다. 그것은 극도로 열을 잘 보유하고 있다.

- Emulsion 두 액체의 조화에서 기름과 물은 혼합하지 않는다. 샐러드 드레싱인 베지타블 오일과 식초는 빠르게 분리되기 때문에 요리세계에서 가장 주목하는 에멀전이다. 그들은 유화될 수 있다. 정말 작은 구성요소를 오랜시간 흔들어서 만들어진다.

- Enhanced 일부 정육업자들은 물, 향미료, 보존제와 보존기간을 개선하는데 도움이 되는 소금을 이용해 고기의 수분

- EVOO. Extra Virgin Olive Oil을 증가시켜 무게와 이익을 증가시키고 오버쿡을 해 펌핑을 한다.

- EVOO. Extra Virgin Olive Oil

    엑스트라버진 올리브오일은 화학물질의 도움 없이 단지 잘 익은 올리브에서 압착으로 추출하며 통상 0.8% 미만의 산성도를 가진다.(버진은 2% 미만의 산성도이다.)

- Fall off the bone

    뼈에서 빠지다. 끓이거나 찌는 방법을 사용해 립을 오버쿠킹 했을 때, 그들은 매우 부드럽고 흐늘흐늘함을 얻고 맛을 잃어버린다.

    립의 감식가들은 조금 씹는 부드러운 스테이크의 텍스처와 비슷한 고기를 선호한다. 그럴러면 그것은 바비큐로 제대로 요리되어야 하며 그것은 제대로 요리했을 경우 뼈에서 떨어지지 않고 뼈를 붙어있을 것이다.

- Fat

    지방은 우리가 먹는 가장 논란이 있는 음식이다. 포화되거나, 단일불포화, 고도불포화, 트랜스지방, 식물성오일, 생선오일, 호두오일, 올리브오일, 오메가 3, 6, 9, 등 다양하다.
    지방은 실온에서 고체이며 오일은 액체이지만 예외도 있다. 그래서 용어는 종종 같은 의미로 사용 된다.

- Fat Cap

    지방 뚜껑으로 이것은 고기와 피부 사이에 있는 고기의 슬래브 상단에 있는 지방의 두꺼운 층이다. 알고 있는 신화와는 달리 그것은 녹지 않고 고기 침투를 방해한다. 그중 일부는 녹거나 고기를 벗어나지만 근육에 침투할 수 없다. 그것은 또한 연기를 차단한다.

- **Firebox**

  화이어 박스는 연료를 연소할 수 있는 공간 또는 방으로 일부 스모커들이 사용하는 이러한 옵셋 스모커는 음식을 요리하는 조리실과 분리된 화이어 박스를 가지고 있다.

- **Firebricks**

  내화벽돌은 이들은 용광로, 가마, 난로, 벽돌 오븐에 높은 가열을 견딜 수 있도록 설계된 특수 내열 "내화물" 재료로 만든 벽돌이다. 그들은 열을 흡수하고 균일하게 자신의 요리기구의 온도를 안정화시켜 방출하기 때문에 일부 pitmasters들은 그들의 피트라인 안에 넣어 놓고 있다.

- **Firewood**

  장작은 통나무와 그것을 쪼개서 장작불을 위해 불씨를 만들어 낸다. 그들은 부싯깃의 통해 점화될 수 있다. 이 부분에 대한 연구는 아주 중요하기 때문에 자주 언급하고 공부해야 할 것이다.

- **Food porn**

  식품 포르노란
  (1) 일반적으로 레스토랑에서는 보통 성가신 사람으로 취급되며, 머리에 플래쉬가 달린 보고 찍기만 하면 되는 싼 디지털 카메라로 찍은 사진.
  (2) 보통 요리책과 잡지에 있는 것과 같은 전문 사진작가에 의한 음식사진에 대한 믿음은 변하지 않는다. 우리가 우리의 아름다운 이웃을 보는 관음증 같은 것이다.

- **Freeze drying**

  동결건조는 동결건조는 저압환경에서 식품을 동결하여 수행하고 소량의 열은 수분 승화를 돕는다. 승화는 먼저 물에 용해되지 않고 습한 공기로 직접 전환하는 수단이다. 이것은 박테리아를 죽이고 동결건조식품의 구조를 유지하는데 도움이 된다. 잉카는 종종 높은 안데스 산맥에 추운 밤에 밖에서 넣어두고 식품을 동결건조 시켰다.

- **Fresh ham**

    신선한 햄은 일반적으로 여전히 피부가 요리되지 않은 돼지의 뒷다리다. 고기는 원시 돼지고기고 색은 베이지와 옅은 분홍색이 대표적이다. 그것은 피부가 있거나 없거나 구울 수 있고 그것은 피부를 제거하고 연기에 굽는 것이 특히 좋다.

- **Free range chickens**

    놓아 기른 닭을 말한다.

- **Free range eggs**

    놓아 기른 계란을 말한다.

- **Fresh chicken or turkey**

    생 닭 또는 칠면조라는 이말은 가금류에 완전히 오해의 소지가 있는 용어다, 신선한 것을 의미할 수 있다. 그것은 소금과 향미증진제를 주입하고 26°F(-3°C)에서 냉장한다.

- **Gastrique**

    실제로 단맛에 신맛을 동원한 소스의 유형이다. 간단한 gastrique는 식초와 설탕을 함께 섞어 끈적끈적한 이슬비처럼 졸이는 방법으로 요리한다. 그러나 여기서 창의성이 필요하다. 신맛은 레몬주스부터 와인까지 다양하게 얻을 수 있고, 단맛은 응축된 과일의 열매나 꿀로부터도 얻어 대용할 수 있다. 그리고 그 맛은 허브와 향신료가 그 역할을 할 수도 있다.

- **GBD. Golden Brown and Delicious**

    바비큐를 하는 가장 이상적인 컬러와 질감을 얘기한다. 진한 갈색이다.

- Glaze   유약, 광택. 반짝 코팅을 이야기 한다. 유약은 설탕에서 자신의 광택을 얻을 수 있는. 일부 소스는 유약이다. 간단하게 꿀의 솔질은 화려한 광택을 만든다(중국 Nine Dragon Ribs 처럼). 때로는 버몬트 메이플 글레이즈드 피그캔디를 위해 메이플 시럽에서 그 빛을 가져오기도 한다.

- Gelatin   젤라틴은 그것은 콜라겐이 녹을 때 만들어 진다. 그것이 식거나 젤이 되었을 때 그것은 Aspic이라고도 부른다. 사실, 젤리오(Jell-O)는 젤라틴으로 만든다.

- Grain finished beef   곡물로 쇠고기는 완성된다. 거의 모든 소는 풀을 먹는다. 그들 삶의 대부분은 건초다. 단지 도살전에 비육장으로 갈 때 CAFO에서 그들은 곡물을 통해 살을 찌게 된다, 방목보다 그들은 일반적으로 옥수수를 먹인다. 옥수수는 급속하게 무게를 올리고 원하는 맛을 만들어 낸다.

- Grate or grill grate   쇠살대나 화격자 또는 그릴석쇠라느 말로 조리 환경에서 음식이나 숯이나 나무같은 연료를 지탱하는 평행한 쇠봉인 숯석쇠(Charcoal grate)가 있고, 음식을 올려 쿠킹을 진행할 수 있는 음식석쇠(Cooking grate)가 있다.

- Grate   강판이라는 말로 강판의 작은 구멍을 통해 또는 식품 가공기에 부착된 분쇄기의 작은 구멍을 통해 음식을 밀어내 갈아내는 장비. 이것은 파쇄시키는 것과는 완전히 다르다.

- Gravy   육즙스프를 말한다. 소스와 그레이비는 종종 같은 의미

로 사용된다. 고기의 조리 중에 고기로부터 나오는 육즙으로 이 국물에 부이용을 보충하여, 소금, 후추와 양파, 당근, 허브등을 첨가하고 필요에 따라서 밀가루, 콘스타치 등의 전분으로 농도를 더하는 경우도 있는 고기요리에 이용되는 소스중 하나이다.

- **Griddle or plancha**

  철판 또는 금속판으로 Griddle은 철강의 편평한 조각이다. 일반적으로 무쇠 또는 스테인리스 스틸이다. 그것은 전기나 가스로 아래에서 가열된다.
  여기서 Griddle과 Grilled의 차이를 한번 생각해 보자 빵 두 조각 사이에 슬라이스 치즈를 넣고 기술적으로 철판에서 요리를 하는 경우, 이것은 샌드위치를 Griddle 했다 해야지 Grilled 치즈샌드위치라고 하면 잘못된 표현이다. 진짜 Grilled 치즈샌드위치는 실제 그릴 또는 불꽃을 통해 화로에서 만들어진 것이어야 한다.
  많은 버거가 Griddle에서 요리되면서 Grilled라고 불리는 것은 잘못된 것이라는 것을 알 수 있다.

- **Gridiron**

  그리드 아이언의 원래 뜻은 "석쇠, 석쇠(격자) 모양의 것(배열)"인데, 높은 곳에서 미식축구 경기장을 내려다보면 그런 모양이나 배열과 비슷하다고 해서 그렇게 부르게 된 것이다.

- **Grill**

  그릴은 어떠한 열을 가해 음식을 재료를 구울 수 있는 모든 장치를 우리는 그릴이라 한다.
  원래 Grill은 화로로 알려져 있고 이것은 음식이 불꽃 위의 음식석쇠에서 직접열에 노출된 요리되는 조리기를 말한다. Hibachis와 웨버 같은 그릴은 화로의 좋은 예다.

일부 그릴은 열이 600°F (315℃)이상에 도달 할 수 있다. 이 그릴은 연료를 숯석쇠에 어떻게 배치하느냐에 따라 직접 및 간접열 두 가지 모두를 활용해 요리 할 수 있다.

- Grilling

그릴링은 바비큐의 한 형태, 이것은 일반적으로 직접적으로 불꽃이 올라오는 직접열이나 다른 복사열 소스로 요리된다. 그릴링은 일반적으로 Cooking grate 위 높은 온도의 열에서 빠르게 요리하는 것을 의미한다. 어떤 사람들은 레스토랑에 설치되어있는 flat metal griddle위에서 요리하는 것을 Grilling이라고 부르는데 이것은 아주 많이 잘못된 것이다.

- Hoofta

그리스 할머니의 재료 측정하는 방법. 일반적으로 단어로 의미는 한줌을 이야기한다.

- Hot 'n' fast

보통 350°F (176℃)이상의 보통 개방된 불꽃에서 고온의 직접 복사열위에서 요리한다. Hot 'n' fast는 메일라드반응과 함께 고기의 갈색을 얻기 위해 가장 좋은 방법이다. 이러한 필요에 의해 이 온도에서 요리한다. 타지 않도록 자주 고기를 뒤집는다. 반대는 low 'n' slow다

- Hot smoking

뜨거운 스모킹은 미생물이 죽는 영역인 130°F (54℃)이상 온도의 연소공간에서 굽는다.

- Icing

급냉 구이 방법으로 우리나라에서 고려시대부터 사용하던 방법으로 두께와 길이가 있는 고기를 꼬치에 꽂아 숯불에 구우면서 찬물(얼음물)에 담갔다 꺼내기를 세 번 반복한다. 이는 뜨거운 불에서 두꺼운 고기

가 속은 안 익고 겉은 타는 것을 방지하고, 물속에서 급냉시 재료 표면지방을 응고시켜 고기 내 육즙을 보호할 수 있는 아주 과학적이고 현명한 방법이다.

이것은 천년이 훨씬 넘는 아주 오랜전 부터 한국에서 사용되어 내려온 High-tech 기술로 현대 바비큐에서 사용되고 있는 Carry over cooking과 Basting이나 Mopping, Spray 등 여러 가지 고도의 기술들 중에서 오래된 과학적 원리를 제대로 활용한 조상의 지혜를 엿볼 수 있는 조리방법인 것이다.

- **IMU**

  하와이 전통 바비큐 요리방법으로 kalua 돼지요리, 돌을 달군 구덩이에 음식을 넣고 젖은 헝겊을 덮고 오랜 시간 요리하는 것이다.
  Samoan의 UMU, 뉴질랜드의 Hangi, 뉴잉글랜드의 Clam bake. 그리스의 Kleftiko, 피지의 Lovo, 중앙아시아의 Tandoor와 비슷한 요리로 Earth oven에서 요리된다.

- **Indirect heat cooking**

  간접열 뜨거운 요리라는 이 용어는 뜨거운 공기의 대류흐름을 이용해 느리게 요리하는 방법이다. 열원 바로위에 고기가 없다. 대부분의 스모커가 간접가열식으로 요리한다.

- **Induction**

  유도라는 열 전사 방법이다.

- **Instant kill zone**

  대부분의 병원성 미생물이 30초 이내에 사망하는 온도 범위이다.

- **Jaccard. A meat tenderizer**

  연육기(브랜드)다.

- Juice   바비큐에서 이야기하는 쥬스는 미오글로빈을 이야기 한다.

- Jus   근육과 뼈를 끓여 스톡같이 만들거나 Drippings중 하나로 내가 원하는 대로 육즙으로 만든 Gravy나 소스, 골수는 우리에게 특히 풍부한 식감을 제공한다.

- Juneteenth   1865년에 6월 19일 텍사스에서 노예의 해방을 축하하는 의미로 바비큐 없이 재미가 없다.

- Kamado or egg or ceramic cookers   최고의 스모커로 사용된다. 이 계란모양의 장치는 일반적으로 두꺼운 벽을 가져서 매우 효율적 단열효과가 있다. 작은 연료로 매우 높은 온도를 달성할 수 있다.

- Kebabs or kebobs   터키의 전통음식으로 고기를 적당한 크기로 썰어서 꼬챙이에 꽂아서 굽는 요리로 주로 양고기로 만들었지만 시대가 지나면서 소고기등 다양한 재료가 쓰이고 야채나 과일 등도 사용하는 경우가 있다.

- Kindling   불쏘시개로 스틱과 손가락 크기 정도의 작은 나뭇가지, 그것은 항상 주변에 두고 있어야 하며 이것은 부싯깃(tinder)보다 오래 탄다.

- Konro   곤로로 일본에서 인기있는 오픈 탑 차콜그릴, 집에서는 종종 원형을 사용한다. 그러나 yakiniku-yan restaurants 같은 곳은 길고 좁은 세라믹 곤로를 사용합니다. 그것은 mangal과 유사하다. 그들은 곤로위에서 달콤한 간장 바비큐소스와 함께 꼬치고기 yakitori를 요리한다. 그것은 15피트까지 긴 것이 있다. 종종 특별히 단단한 너도밤나무로 만든 비장탄을 사용한다. . .

- **KOOBA**

    Korea outdoor & barbecue association의 약자로 대한아웃도어바비큐협회. 아웃도어 스포츠와 스포츠로서의 바비큐문화를 활성화 시키고 아마추어 전문가 및 프로선수, 심판을 육성한다.

- **Korean barbecue**

    불고기가 대표적이며 코리언 바비큐는 보통 얇게 썬 쇠고기를 마리네이드 한다. 그리고 그것은 일반적으로 테이블의 중앙에 있는 화로 위에서 기본적으로 필요에 따라서 식사 때 굽는다.

- **Baking soda**

    상고시대 맥적으로 시작해서 설야멱과 너비아니로 이어져 불고기가 되기까지 그 역사는 천년이상 이어지면서 오늘에 이르렀다.

- **Lard**

    라드를 이야기한다. 이것은 녹아서 응고된 돼지 지방이다. 가장 좋은 라드는 신장주변의 지방에서 나온다. 그것을 leaf lard라고 부른다. 파이 크러스트에 가장 좋은 지방으로 많은 빵 굽는 사람들은 깊이 생각한다.

    이탈리아에서는 허브, 특히 로즈마리와 돼지지방을 함께 섞어서 버터같이 빵에 제공된다. 느끼하게 들리겠지만 당신은 그것을 시도해 봐야 한다. 그것은 믿어지지 않을 정도로 놀라운 맛이다.

    동물성지방이라서 기피하는 경향이 있지만 요리의 풍미를 돋우는 데는 최고의 재료다.

- **Liquor**

    주류를 이야기하는 것으로 증류주는 일반적으로 과일이나 곡물을 발효시켜서 만든다. 보통 알콜 80~90% (40 to 50 proof), 밤새는 요리사들을 위한 생명의 액체다. 당신은 그것 없이 통돼지 로스트를 할 수 없다. 립처럼 짧은 요리라면 맥주면 충분하다.

- **Liquor aka likker aka pot likker** 요리를 조리 후 냄비에 남아있는 훌륭한 맛 주스로 냄비 likker는 특히 fatback과 마늘이 포함되어 있으면서 야채를 끓인 후 남아있는 연한 녹색 물이고 맛이 풍부하다. 조개, 굴, 그리고 다른 이매패류를 특별히 쪄내고 남은 내부의 주스 또한 liquor라고 한다.

- **Lolo** 캐러비안의 세인트 마틴섬에 있는 임시변통 바비큐 스탠드로 도로 측면을 따라 해변에서 또는 누군가의 앞마당에 반으로 잘린 55갤런 드럼 주위 몇 개의 테이블 외 아무것도 없다. 그들의 저렴한 새우와 랍스터 요리는 보통 미식가들에 의해 높게 평가된다.

- **Low 'n' slow** 낮고 느리게라는 말로 열을 266°F(130°C) 아래에서 낮게 유지하고 195°F(90°C)와 230°F(110°C)가까이서 시간으로 요리하고 지방과 콜라겐을 녹여서 부드러운 맛과 풍부한 고기육즙을 만든다.
  열을 너무 높게 하면 단백질 무리들이 오므라들어서 고기는 거칠고 질기다. 낮고 느린 요리는 직접 열에 노출되지 않기 때문에 고기를 뒤집을 필요가 없다는 것을 의미한다.

- **Lox** 훈제연어로 조리되지 않는 살코기 염장된 연어를 말한다.

- **Lump** 덩어리로 나무가지와 막대기을 탄화하여 만든 숯 덩어리, 그래서 숯은 실제로 여전히 나무의 검은 조각처럼 보인다.

- **Maillard reaction or Maillard effect** 메일라드 반응 또는 메일라드 효과는 하나의 화학반응이다 아미노산과 음식의 당분사이 반응이고 여기에

는 열이 필요하다. 그것은 표면이 갈색 나는 낮은 온도에서 시작하지만 진정으로 열이 300°F(148°C) 이상 올라가야 반응이 시작된다. 맛의 깊이와 풍부함을 만들어 내는 과정으로, 형성된 새로운 화합물의 다수는 언급 할 필요가 없이 바삭바삭한 질감을 만든다. 메일 라드 반응 (Maillard reaction)은 요리의 위대한 기적 중 하나다. 유사하지만 캐러멜화와 같지 않다.

- Marbling

  대리석 지방으로 근육내 지방의 얇은 뜨개질 모양, 반대로 근육의 상부에 지방이 두꺼운 층으로, 마블링이 더 많고. 더 부드럽고, 육즙과 고기의 맛이 좋다. USDA의 쇠고기 등급은 마블링에 크게 의존한다.

- Marinade

  마리네이드는 고기를 액체속에 담근다. 염지와 비슷하지만 소금이 훨씬 적고 산과 오일이 한층 높다.

- Maverick or Mav

  두 개의 탐침이 있는 디지털온도계로 송신기와 그리고 핏마스터가 자신의 핏을 포기할 수 있는 수신기로 이루어져 있다. 그리고 핏의 온도와 고기의 온도를 모니터링 하는 동안 축구경기를 볼 수 있다. Made by Maverick Housewares.

- Meat

  고기는
  (1) 기술적으로 주로 근육 만들어진 동물의 고기, 그러나 장기를 포함 할 수 있다. 어떤 사람들은 가금류나 생선고기를 포함하지 않지만 그것도 동물의 근육이다. 그래서 그들도 고기다.
  (2) 때때로 너트의 과육, 아보카도의 과육등으로 과일이나 견과류의 과육을 언급하는데도 사용되는 용어다.

- **Meat glue** 고기 접착제는 식품과학의 경이로움으로 transgluta-minase(TG)로 과학계에 알려진 고기 접착제. 이것은 접착제처럼 단백질을 결합할 수 있는 효소이다. 닭고기의 작은 조각을 가지고 전체 근육고기처럼 보이는 닭 덩어리로 만드는데 사용할 수 있다. 고기와 칠면조 가슴살 덩어리를 접착해 뼈 없는 햄 덩어리로 만든다.
  surimi(연육)이라 불리는 명태 생선으로 부터 만든 가짜 게살고기. 굳은 소시지, 그리고 심지어 두 개의 마른 스테이크를 두꺼운 스테이크로 전환한다.
  TG는 혈액응고 역할을 하고 동물혈액으로부터 추출할 수 있다. TG 일부 주변에서 근거도 없이 끔찍한 것처럼 다루는 선정적 언론(yellow journalism)이 있다. 그것은 자연에서 생산하는 것으로 흥분할 것 없이 안전하다.

- **Membrane** 분리막으로 (인체 피부·조직의) 막, 갈비에서 피부로 알고 있지만 이것은 폐가 살고 있는 실제 늑막이다, 갈비에 남아있는 경우 이것은 딱딱하고 가죽같을 수 있다. 이것은 제거되어야 한다.

- **Microwave cooking** 전자레인지 요리로 이 요리는 주위 공기나 열을 가열하지 않고 식품 깊은 내부 분자의 흥분에 의한 진동으로 요리하는 영리하고 빠른 방법이다. 물은 급속히 가열되지만 결코 끓은 온도에 도달하지 않는다. 효과는 Steaming과 유사하다.

- **Minced** 다진 것으로 당신이 할 수 있는 1/8인치 아래의 작은 조각으로 작게 자른 것으로 후추보다 크지 않다. 이 방법은 매우 강력하고 매우 야무지게 식품에 사용된

다. 매운 고추와 생강, 신선한 마늘, 보잘것없어 보이지만 압도적일 수 있다. Chopped와 Diced보다 작다.

- **Modernist cuisine**   현대요리로 식품 과학자 Nathan Myhrvold가 만들어 낸 용어. 또한 분자요리법이라고 불렀다. 레이저와 같은 특별한 도구의 사용과 음식의 화학 및 물리학에 대한 철저한 이해가 특징이다. liquid nitrogen, the antigriddle, centrifuges, natural gums, colloids, spherification, maltodextrin, lecithin, enzymes, fermentations, transglutimase, 재료의 재건과 해체이론이다.

- **Molecular gastronomy**   분자요리로 modernist cuisine 참조. 음식의 조리과정과 식감, 맛에 영향을 미치는 요인들을 과학적으로 분석, 독특한 맛과 식감을 창조해 내려는 일련의 활동을 말한다

- **Mop or mop sauce**   몹 또는 몹소스는 요리하는 동안 고기위에 얇게 소스를 바르는 것, 특히 구식 Direct pit에서, 표면의 열을 식혀주고 맛을 추가하고 유지시켜준다. 이 classic mop은 식초를 기반으로 검은 후추와 레드페퍼 후레이크의 매운 소스다. 그 혼합물은 큰 나무통에 붓고 교반한다, 특히 당신이 바닥을 파고 구덩이 안에서 요리를 한다면 매 15분 마다 돼지위에 Mop한다.
끝부분에 헝겊조각을 묶어서 빗자루 손잡이처럼 사용한다. 현대적 변화는 Doctor pepper같은 한층 더 부드러운 음료와 맥주를 테마로 한다. 또한 SOP이라 불린다.

- **MRE**   Meal이다. Ready To Eat로 식사 또는 식사를 준비한

다. 진공포장한 군사식량을 말한다. 싱글 서빙하는 부분이고 야외요리와 우아한 식사를 위해 디자인되었다.

- Mr. Brown

바비큐 된 고기의 표면이 짙은 갈색임을 풍자한 말이다.

- Mrs. White

화이트 부인은 바비큐된 고기의 내부색이 흰색인 고기를 말하는 것이다.(Mr. Brown & Mrs. White는 짙은 갈색 표면에 하얀 속살을 의미한다.)

- MSG

(aka Monosodium Glutamate, aka Glutamic Acid). (일명 글루탐산 나트륨, 일명 글루타민산). 식료품 대부분의 향신료 코너에서 찾을 수 있는 첨가제이다. MSG의 글루탐산 형태로 만들어, 천연 풍미 증강뿐만 아니라 몇몇 숙성 및 발효공정의 자연적 부산물이다.

그것은 중국 요리와 세계에서 가장 인기 있는 립 레스토랑인 멤피스의 Rendezvous에서 많은 다른 음식에 문질러 사용하는 인기 있는 첨가제이다.

어떤 사람들은 MSG가 두통을 일으킬 수 있다고 생각하지만 과학자들은 제어 실험에서 연관성을 증명할 수 없었다. 많은 사람들이 MSG가 두통을 일으킨다고 전제하고 위약실험을 했지만 연관성을 찾지 못했다.

- Multigrain

잡곡으로 일반적으로 빵을 의미, 빵 라벨에 일반적으로 나타나는 마케팅 용어로 통곡물은 건강한 빵처럼 보이기 위해 일부 갈색색소와 함께 반죽에 몇몇 통곡물을 뿌리고 있다.

- Muscle

근육은 근육세포는 섬유소라고 부르는 길고 스키니한 튜브다. 섬유는 주로 결합조직에 둘러싸인 단백질과 물이다. 섬유의 다발은 sheaths라고 한다. 그 싸개의 묶음을 Muscle이라고 부른다.

- **Mustard tears** 겨자 눈물은 먼저 흔드는 것을 잊어버리면 짜면 머스타드병의 밖으로 투명한 액체 몇 방울이 나온다.

- **Mutton** 양고기는 1년 이상된 오래된 양의 고기를 말한다.

- **Myoglobin** 미오글로빈은 그것은 근육과 근육세포사이 공간을 채우고 있는 단백질을 함유한 물이다. 고기를 잘랐을 때 접시에서 볼 수 있는 옅은 분홍색 액체같은 것으로 그것은 혈액이 아니고 핑크색 내용물이다. 피는 두껍고, 빠르게 응고하는 검붉거나 거의 검은색이다. 반면에 미오글로빈은 또한 유백색이 스며 나온다. "juice"라고도 부른다.

- **Natural** 자연은 이 단어의 법적 정의는 없다. 이는 제조업체들이 거의 아무나 제재 없이 부르고 사용할 수 있는 것을 의미한다. 소비자들은 친자연적 제품을 원하는 심리가 있다. 가끔 제조업체들은 용어의 오용으로 인해 사회적 문제를 일으키기도 한다. 순도, 무농약, 무첨가, 또는 무화학 첨가제, 무첨가, 무가당 등 이런 자연과 연관시키려는 단어의 의미를 정확히 알아야 하는 것은 소비자 개인의 책임으로 선택해야 한다.

- **Natural flavoring** 천연조미료는 실제 식품에서 많은 노력과 비용으로 추출 맛 화합물이다.

- **Nekkid or naked** 나체라는 표현으로 양념이나 소스가 없는 맨 고기를 이르는 말이다..

- **No sugar added**	설탕을 추가하지 않는다. 식품가공과정의 라벨에 사용하는 마케팅 용어다, 그것은 그 제품에 자연스런 달콤함이 있다는 것을 설득하기를 위해 사용하는 문구지만 그것은 보통 별 의미가 없다. 더 나은 음식의 맛을 주문하고 만들기 위해 제조업체는 설탕 대용품을 추가했다. 그 자체의 당을 간과 한다.

- **Not-hot-spot**	핫스팟 아나라는 말은 챠콜그릴로 간접요리를 할 경우 한쪽으로 챠콜을 쌓고 하나 쪽은 비워둔다. 또는 가스버너에서 한쪽은 키고 한쪽은 해제한다. 이렇게 2구역으로 요리표면을 셋업 했을 경우, 불꽃위의 석쇠공간은 핫스팟이다. 그리고 고기를 넣는 그 장소는 핫스팟이 아니다.

- **Nova Scotia Lox**	노바스코샤 훈제연어는 소금에 절인 다음 훈제 한 생연어 살코기다. 소금물은 보통 짜지 않았다. 훈제연어와 때때로 노바는 훈제되지 않은 가볍게 염장된 연어를 부르는 데 사용되었다.

- **Offset**	side firebox와 barrel cooker를 가지고 있는 매우 인기 있는 스모커다. 디자인은 두 개의 밀폐된 박스가 한 면에서 관으로 연결되어 있다. 하나는 숯이나 장작용이고 조금 더 높은 곳에 설치되어 선반이 있는 오븐은 조리영역이면서 열과 연기의 배출을 위한 것이다. 그 연기는 오븐을 통해 움직여 화실 반대 측에 있는 굴뚝으로 나간다. 일부 offset fireboxes는 오븐에 연료인 탄을 넣거나 화이어박스 안에 석쇠를 올려 그릴로 사용할 수도 있다.

- **Organic**	본질적인 유기물인 이것은 누구나 알고 있는 원래 의도

에서 방황하는 단어다. 요즘은 거의 인식할 수 없다. 과거 "유기농"이라는 것이 엄격한 관 관리와 원칙으로 생산자와 소비자가 거의 종교수준으로 인식했지만 지금은 거의 유명무실해져 가는 중이다

- Oven

  오븐은 밀폐된 조리기구, 당신부엌에서 크고 뜨거운 것은 오븐이고 뚜껑이 있는 Weber Kettle도 오븐이다. 뚜껑이 없는 것은 화로(brazier)다.

- Pachanga

  빠창가는 남부 텍사스의 변화를 이르는 말로 바비큐와 라이브 음악을 특징으로 떠들썩한 모임이다.

- Pan frying

  충분히 뜨거운 팬에 기름을 두르고 식품조리방법대로 요리하는 방법, 보통 한 면을 요리하고 뒤집어서 다른 면을 요리해서 완성한다. 그 기름은 일반적으로 요리하는 과정에서 거품과 지글거리면서 탁탁 튀는 소리가 난다. 훌륭한 요리사는 기름이 튀는 것을 방지하기 위해서 증기는 통하고 기름은 잡을 수 있는 Mesh 같은 것을 사용한다. 이것은 deep frying and sautéing 과는 다른 것이다.

- Pan roasting

  두 단계의 과정이다. 요리사가 고기와 생선 덩어리를 가지고 달궈진 프라이팬의 뜨거운 기름에서 외부 얇은 층을 바싹하게 갈색으로 굽는다.
  그러나 여전히 안쪽은 익지 않은 상태. 팬을 오븐에 넣고 요리를 완성한다. 그 결과 상하부는 튀긴 것 같고 중앙부는 구운 것 같이 된다. 뜨겁고 무거운 그릴에서 철판을 예열한 후 그 위에서 뚜껑을 사용해 한 번에 완성 할 수 있는 방법도 있다.

- **Pan sauce** 팬 바닥에 Fond라고 부르는 갈색의 찌꺼기가 종종 있을 수 있다. 그 음식을 태우고, 그것에 물, 육수, 와인, 또는 브랜디와 같은 약간의 액체를 높은 열에서 deglazing하면 제거된다. Fond가 용해된 이것의 맛은 아주 훌륭하다. 허브와 크림, 그리고 약간의 겨자, 계절산물 등 훌륭하다고 생각하는 모든 재료를 추가해서 또 다른 소스를 만들 수 있다. 그렇게 매우 빠르게 소스를 만들 수 있다.

- **Parboiling** 요리를 하기전에 끓는 물에 살짝 데치는 것. 요리를 하기 전에 끓는 물에 먼저 음식을 가볍게 데치는 것을 말한다.

- **Paste** 페이스트는 과실, 야채, 견과류, 육류 등 모든 식품을 갈거나 체에 으깨어 부드러운 상태로 만든 것. 또는 고체와 액체의 중간 굳기를 뜻하는 용어로 빵 반죽과 케이크 반죽의 중간에 위치하는 반죽을 가리킨다.

- **Pellet smokers & grills** 펠렛 smokers와 그릴은 접착제나 결착제 없이 톱밥을 압축한 펠릿으로 요리하는 smokers로써 제조과정상 문제될 것은 없는 듯 하나 발화시점에 발생하는 검은 그을음은 적지않은 문제가 있다. 그리고 더 좋은 모델들은 정확한 디지털 컨트롤을 가지고 있다. 그렇기 때문에 그들은 철저하게 사용자 친화적으로 발전할 가능성은 있다.

- **Pig tail** 돼지꼬리는 C자 모양의 날카로운 훅을 스틱에 장착것으로 고기를 찔러 쿠커에 올리거나 내리는데 사용하는 장비이다.

- Pinch

    꼬집기는
    (1) 작은 술의 1/16, 또는 두 손가락 사이에 넣을 수 있는 양을 이야기 하지만 이는 누가 계산 할 수 없을 정도로 매우 정확하지 않다.
    (2) 경쟁에서 다른 팀의 재료를 훔치는 것을 말한다. 이제까지 발생하지 않았다.
    (3) 또는 더 나쁜것은 경쟁자의 배우자 뺨을 슬쩍 때리는 모욕을 말하는 경우도 있다. 이는 아주 모욕적인 행동으로 바비큐어라면 절대 금해야 할 것이고 KOOBA의 제제를 받을 수 있다.

- Pink curing salt

    핑크 경화 소금은 경화과정에서 아질산염을 섞은 소금으로 일부 핑크 소금은 아질산염과 질산염을 모두 가지고 있다. 원래 핑크색 소금이라기 보다 질산이나 아질산염을 혼합한 것을 표시하기 위해 인위적으로 색을 연출하는 경우도 있다. 그들은 핑크 히말라야 소금과 동일하지 않다.

- Pits

    구덩이는 원래 구덩이는 장작을 숯이 될 때까지 태우는 땅속의 구덩이였다. 최근 몇 년 동안 단어 "Pit"는 보다 일반적인 단어가 되어가고 있고, 지금은 바비큐 요리를 하는데 사용되어지는 모든 장치를 의미하는 단어가 되어가기도 한다.

- Pitmaster

    핏 마스터는 경험이 풍부한 바비큐 요리사를 이르는 말로 숙련된 장인을 이야기 한다. 만약 너무 뜨겁거나 차갑게 실행중인 경우, 연료가 필요할 때, 나무를 더할 때, 소스를 더할 때, 그리고 고기가 준비되었을 때. 시각, 청각, 후각, 촉각에 의해 감지하고 말할 수 있다. Pit속을 들여다 보고 과정의 전체를 책임질 수 있는 사람을 이르는 말이다.

- **Plate setter**

  플레이트 세터는 큰 녹색 계란 (BGE) kamado에서 탄과 요리 석쇠 사이에 삽입 된 다리기 짧은 두꺼운 세라믹 디스크로 아래에서 올라오는 직접열을 간접 가열 설정으로 만들어 줄 수 있다.

- **Poaching**

  포칭은 약불에 뭉근히 끓이는 Stewing과 비슷하지만 보통 물에서 이루어집니다, 아니면 그냥 약간의 소금 또는 식초를 첨가해 데치는 것을 의미한다. Stewing은 일반적으로 맛과 향이 가미된 액체에서 이루어집니다.

- **Point**

  돌출부는 쇠고기 양지머리위에 두 근육, 평평하고 돌출된 부위가 있다. 이 Point는 수분이 있는 고기를 만들고 입자사이에 더 많은 지방을 가지고 있다. 또한, Deckle(도련하지 않은 가장자리)이라고도 부른다.

- **PPP or The Three Ps.**

  핏마스터가 되기 위해서 인내하고 연습하는 것을 말한다. 결코 쉽지 않은 과정이다.

- **Primal**

  태초 또는 원초라는 말로 동물 사체를 도살하면 먼저 primals라는 큰 섹션으로 세분화된다. 이어서 이러한 primals는 서빙 크기로 분해 될 수 있다. 일부 잘 알려진 쇠고기 primals는 rib section, round, short loin, sirloin, chuck, plate, flank, brisket, and shank.가 있다.

- **Prig**

  도덕군자인 척 하는 사람으로 그들은 손가락으로 돼지고기를 뜯어 먹는다.

- **Pucketa** 한 번 흔들어 타바스코 소스와 같은 작은 구멍이 있는 병에서 나오는 양을 이르는 말로 당신은 pucketa pucketa 하고 두 번 흔든다.

- **Q or Que** 바비큐를 이르는 말이다.

- **Rack** 선반은 갈비의 편평한 면을 거는데 사용되거나 립을 거는데 사용한다. 혼동을 피하기 위해 Racks는 Rib등을 거는 것에 사용되는 것이고 Grates는 요리하는 면적(Cooking surfaces)이라고 생각하면 된다.

- **Radiation** 방사나 복사라고 이야기 하는 열 전도방식 중 하나다.

- **Recipe** 조리법은 최초의 요리법은 기원전 약 1600년으로 거슬러 올라가며 남바빌로니아의 아카드어로 된 평판이 기원이다. 단어의 어원은 "영주증(receipt)"이었다는 설이 있다. 왜냐하면, 당신은 거의 모든 레서피(Recipe)을 알고 있고 일품요리를 하기위한 재료를 구입해야하기 때문이었다고 한다.
  오늘날 레서피는 형태가 변하고 있다. 전문 조리법은 철저하게 테스트한 식품전문가, 아마도 프로에 의해 쓰여 진다. 그것은 모든 재료와 논리적 구성을 가져야 하고 정확한 측정과 함께 일반적인 필요에 의해 원하는 것이어야 하고 단계적인 과정이 함께 있어야 한다.
  처음하는 사람도 따라올 수 있도록 세심하고 주의 깊게 작성한다. 그것은 원래 것의 복제에 가까울 수 있다. 그러므로 아주 독창적일 수는 없지만 의도는 정확하게 표현되어 있어야 한다.
  같은 레서피로 요리를 한다고 해도 아웃도어 요리의 특

성상 외부환경이나 날씨, 위치 등에 따라 결과는 천차만별일 수 있다. 해서 많은 경험과 노력이 필요한 부분이고 모험적 식재료는 가급적 피하는 것이 좋다.

초보적인 사람들은 그것을 구별할 능력이 부족하기 때문이다. 레서피는 요리의 악보라고 생각해도 좋으며 거기에는 완성된 음식의 모든 것이 세밀하게 포함되어 있어야 한다. 일반적으로 요리의 이름, 조리시간, 준비 재료, 생산단계 등이 기록되어있지만 요즘에는 칼로리와 제품사진까지 첨부되어있는 경우가 많다.

- Redneck soo veed, Sous vide,

수비드는 특수수조에 담는 쿠커에서 음식을 요리하는 방법이다. 이 아이디어는 당신이 원하는 경우이다. 당신은 진공 밀봉 된 비닐 봉투와 130°F(55°C) 수조안에서 열중해 대략 130°F(55°C)의 미디움 레어로 완벽하게 스테이크 할 수 있다고 말하자. 몇 시간 안에 고기는 완성되고 그것은 130°F(55°C) 지속적으로 보유하고 있기 때문에 Overcooked될 가능성은 없다. 동일한 원리의 일부를 사용하는 역시든(Reverse sear)의 야전방식이다. 이 용어는 John "Patio Daddio" Dawson에 의해 만들어 졌다.

- Render

정제하다는 뜻으로 일반적으로 낮은 온도에서 지방을 용해하는 과정은 근육결합 조직으로부터 그것을 분리한다. 바비큐에서 지방은 종종 뚝뚝 떨어지는 것도 있지만 고기에 갇혀 남아 풍부하고 고소한 맛, 그리고 부드러운 느낌을 만든다.

- Rib hooks or rib hangers

다음은 한 쪽 끝에서 고기를 관통해 좁은 스모커에 수직으로 고기를 거는 금속 후크입니다.

- **Roasting**

  원래 이것은 보통 rotisserie와 함께 오픈된 불꽃 앞에 오픈해서 요리하는 방법이었다. 오늘날 종종 베이킹과 같이 중간과 높은 열에 의해 밀폐된 용기에서 하는 요리도 말한다. 원래 식품은 한 번에 한 면만 열에 노출시켰었다. 이 음식은 일반적으로 마른 열에 둘러싸여 있으며 메일라드효과와 카라멜라이즈와 함께 브라운 색을 띤다. 이 음식은 석쇠나 다른 캐리어에서 요리된다. 베이킹은 보통 팬에서 요리한다.

- **Rotisserie**

  1. 불꽃 위나 앞에서 음식을 돌려가면서 굽거나 하는 모양으로 그것은 한쪽면이 열을 가지고 차가워지고를 무한 반복하면서 뜨거워지는 고기다.
  그것은 불에 직면했을 때 열의 파동을 어느정도 서서히 음식에 흡수되고 돌아가면서 열에서 멀어질 때 냉각 공기에 열을 방출하면서 음영이 생긴다.
  가열과 냉각과정은 열의 맹렬히 타는 효과를 감소시키고, 조리속도를 느리게하고 고기를 균등하게 익힌다. 내부에 고르게 온도를 배포해 수분손실이 적고 타지 않는다.
  가열과 냉각이 교체되는 것은 그릴이나 pan sear를 할 때 고기를 뒤집는 것이 연상된다.
  2. 이 장치는 자신의 축에 닭같은 고기를 돌리는 창이나 바구니다.
  3. 스모커에서 일부 장치는 오븐공간을 통해 선반이 도는 관람차같은 배열을 가지고 있다. 이것은 좋은 것이다. 왜냐하면 오븐내 위에서부터 아래까지 열이 종종 상당한 차리가 있기 때문이다. 게다가 Slab 아래로 지방이 떨어지고 그것이 발라진다.
  많은 대형 상업용 스모커들은 "Rotisseries"라는 것을 가지고 있는 레스토랑에서 사용되었다. 식품 자체가 회전하지 않기 때문에 정말 관람차(ferris wheels)라고 불렀다.

아마도 동굴거주자들에 의해서 발명되었을 것이다. 중동이나 아시아 케밥요리는 이 개념에서 파생되었다. 수직 로티세리는 중동의 shawarma, 그리스의 gyros, 그리고 터키의 doner kebabs를 포함한다.

결국 이 기계장치는 손으로 크랭크와 고기를 회전하면서 발명되었다. 그런 다음 현대에 와서 로티세리는 풀리를 더하고 모터를 사용하면서 발전했다. 거의 Spit roasting이라고 불렀다.

- **Roux**

    루는 이 증점제와 맛은 밀가루와 지방(보통 버터)을 같은 양으로 섞어 색이 바뀔 때까지 요리해서 만들었다. 때로는 긴 시간 요리되지 않는다. 그리고 짚 색깔이 남아있고 더 오랜 시간 요리되면 어떤 때 그것은 황갈색, 호박색, 갈색, 마호가니색으로 변해가면서 어둡고 풍부한 맛이 만들어 진다. 루는 종종 고전적인 유럽과 뉴올리언스 소스에서 기본적으로 사용된다.

- **Rub**

    문지르다라는 뜻으로 소금과 후추를 기본으로 설탕등의 조미료와 Spice나 Herb의 혼합물을 고기나 재료에 발라 맛으로 사용한다. 전형적인 미국 남부바비큐의 스파이스 믹스는 다양한 양의 paprika, salt, sugar, garlic, black pepper, and chili pepper를 가지고 있다. 한국적 바비큐도 Rub도 있는데 소금, 후추, 설탕을 바탕으로 한국적 재료인 Garlic, Ginger, Onion 등을 기본적으로 사용하고 Korean hot chilli pepper를 첨가하는 'Shaka,s rub'을 기준으로 사용하는 경향이 있다.

    일부 Rub은 두껍게 어떤 때는 얇게, 어떤 때는 밤을 새우는 경우도 있고 어떤 때는 요리하기 직전에 바르는 경우도 있다. 어떤 때는 밤을 넘겨도 고기 안으로 침투하지 않는 경우도 있다.

- **Salty**

  염분은 다섯가지 기본 맛 감각중 하나. 단맛, 쓴맛, 신맛과 감칠맛과 다른 존재. 이 짠맛은 화학자들에 의해 염이라고 불리는 여러 가지 화합물이 원인이다. 소금은 인간의 삶에 매우 중요하다. 그리고 우리의 몸은 그것을 섭취해야 한다 그렇지 않으면 연명할 수 없다.

- **Satay**

  샤테이는 많은 동남아, 특히 태국, 말레이시아, 싱가포르, 인도네시아, 필리핀에서 바비큐를 양념해서 구운 고기요리다.

- **Sauce**

  소스는 바비큐를 완성시켜주는 바비큐 꽃이라 불리는 바비큐에서는 없어서는 안되는 것이다. 소스는 종종 Gravy와 같은 의미로 사용되는 경우도 있지만 소스는 좀 두껍게 사용되거나 고기에 얹어 사용한다. 그레이비는 좀 묽은 경우를 말한다. 물론 얇게 사용하는 소스도 있다.

- **Savory**

  짭짤한이라는 뜻으로 맛있다는 여러 가지 의미의 복잡한 조리용어다.
  (1) 풍미는 허브다.
  (2) 풍미는 허브 또는 감칠맛 특성을 가진 깊고 풍부한 맛과 향 감각이다.

- **Searing**

  강한 불에 겉 부분을 그을리는 것을 말한다. 이 방법은 짧은 시간 동안 높은 불로 메일라드 효과에 의해 또 다른 맛과 갈색 표면을 생성하고 변화 시키는 조리 방법이다. Searing은 sealing되지 않는다.

그리고 많은 사람들이 Searing에 대한 과분한 믿음이 있는데 그것은 시어링 과정에서 내부 수분의 손실을 방지한다는 것이다. 그런 일반적인 믿음과는 달리 Searing은 주스를 밀봉시키지 못한다. 팬에서 고기를 구울 때 맛을 기대하게 하는 소나기 소리는 수분이 뜨거운 팬과 만나서 반응하는 소리인 것이다.

- **Seasoned pitmaster**

  바비큐 요리사들은 항상 열과 연기냄새 나는 Pit 주변에서 많은 시간을 보낸다.

- **Seasoning**

  양념을 뜻하는 말로 음식에 맛을 추가하는 것이다. 엄밀한 의미의 그것은 단순한 의미에서 소금을 중심으로 간을 맞추기 위해 적당량 추가하는 것이다. 그러나 요즘 그 의미는 종종 spices와 herbs, 그리고 심지어 소스를 포함하는 경우로 쓰이는 때도 있다.

- **Seasoning a smoker**

  스모커 내부 표면을 보면 새로운 스모커는 종종 그것을 제조하는 공정에서 다른 제품에 의해 기계 오일을 가지고 있다. 사용설명서에 그것을 제거하는 방법에 대한 지시사항이 없는 경우가 대부분이다. 그리고 제조과정에서 미리 시즈닝을 완료해 시장에 내 놓는 경우가 있는데 그럴 경우에는 철저하게 위생적으로 청소만해서 사용해도 무방할 것이다

  일반적으로 아웃도어 환경에서 사용하는 쿠킹장비는 축열률이 높은 두꺼운 무쇠를 사용하는 경우가 많다. 이전 장비적 특성상 조리과정에서 음식물이 눌러 붙거나 녹이나는 경우가 많은데 이런 경우를 대비해 고열에서 기름칠을 해가며 인위적 카본코팅을 하는 경우가 있다. 이 과정을 시즈닝이라고도 부른다.

  이것은 장비의 기능과 보관상 편의를 위한 지혜에서 나

온 것이다. 바비큐어들에게 이 시즈닝은 과정은 소홀한 듯 하지만 매우 중요한 부분이다.

- Semi-vegetarian 세미 채식주의자는 붉은 고기는 먹지 않을 수 있지만 생선이나 닭은 먹을 수 있다.

- Shaker 식당에서 음식을 먹기 전에 모든 것에 소금을 첨가할 때 사용하는 소금통을 말하는 것이지만 소금뿐만이 아닌 후추나 고춧가루 등의 사용도 가능하다.

- Shish kebab 시시케밥(a.k.a. kebabs, a.k.a. kebobs.)은 중동지역의 요리로 양고기나 쇠고기 등을 포도주와 기름, 조미료로 양념해서 꼬챙이에 끼워 구운 것을 말한다. 바비큐어들 사이에서 때로는 Skewers에 야채도 꽂아서 굽는 경우도 있다.

- Shred 조각은 식품 과정에서 분쇄기에 부착된 큰 구멍들을 통하거나 그레이터의 큰 구멍을 통해 밀어 넣는다. 보통 치즈나 감자, 콜슬로우를 위한 야채들을 사용한다. 조각이 완전히 동일하지 않다.

- Silverskin 실버스킨은 고기와 지방사이에 싸여있는 은색의 얇은 외피로 요리할 때 수축하고 불쾌함을 준다. 그것은 요리하기 전에 제거해야 한다.

- Simmering 끓임이라는 말로 액체를 끓이는 것과 비슷한 요리방법으로 작은 거품을 만들고 끓기 전에 행한다. 그러나 큰 거품과 비등점은 같지 않다.

- Sizzle zone 고기를 구울 때 지글거리는 영역을 이르는 말이다.

- **Skin 'n' trim** 가죽 손질이라는 말로 두껍고 평평한 갈비를 준비한다. 립의 오목한 Side bone인데 밑면에 막이 있다. 그것은 스페어립보다 백립이고 두껍다.

  막이 두꺼운 것은 오래된 돼지다. 구울 때 힘들 수 있고 스파이스나 시즈닝이 침투할 수 없다. 그것은 제거해야 한다. 일부 정육점은 고기를 구매하기 전에 제거해 놓을 수도 있다. 하지만 거의 대부분이 그렇게 하지 않는다.

  정말 돼지피부는 아니지만 그것은 Cooter, Jeeter, and Hawk로 불렸다. 그래서 Skin 역시 그렇게 제거해야 한다. 피부가 제거된 후 당신은 여분의 지방과 돌출된 느슨한 flaps를 손질할 필요가 있다.

- **Sliced** 보통 입자나 조직을 균일하고 얇은 두께로 한 방향으로 차곡차곡 써는 것을 이르는 말이다.

- **Slider** 기술적으로 White Castle지방에서 나는 작은 햄버거다. 그러나 정의는 작은 빵에 실질적으로 아무것도 없는 작은 샌드위치라는 의미로 성장했다.

- **Smoke** 연기는 연료와 산소의 연소에 의해 생성 된 작은 부유입자, 수증기 및 가스의 조합이다. 연기는 요리의 다른 형태에서 바비큐를 차별화하는 중요한 요소인 것이다.

- **Smoker** 연기를 발생시킬 수 있는 Cooker다. 간접 열로 고기를 요리한다. 스모커 소비자는 보통 200°F(93°C)와 300°F(149°C) 범위의 온도에서 사용한다. 일부 상업용 cold smokers는 더 낮은 온도(194°F / 90°C~230°F / 110°C)에서 사용한다.

- **Smoke point**

    연기점은 지방에서 연기가 나기 시작하는 온도로 일부 지방은 낮은 연기점을 가지고 있다. 버터는 250°F (121°C)~300°F (149)°C이고 다른 땅콩기름은 450°F (232°C)같은 것은 연기점이 높다. 인화점(flash point)은 증기가 화염으로 폭발되는 온도이다.

- **Smoking**

    스모킹은 음식을 연기에 노출시켜 맛이나 저장성을 높이는 요리방법이다. 보통 다른 가연성이 있지만 활엽수나 과일나무의 속살 같은 나무에서 얻는다. 보통 셀룰로오스, 옥수수 속대, 차, 그리고 허브를 사용했다. 한때 냉장, 냉동법을 사용하기 전에 스모킹은 음식저장방식으로 널리 사용되는 방법이었다. 그러나 연기가 대부분의 음식을 아주 멀리 침투하지 않기 때문에 모든 음식에 다 해당되는 것은 아니다.

    - **Cold smoking**

    FDA에 의해 정의 된 바와 같이, 일반적으로 140°F (60°C) 아래 온도에서 수행된다. 음식은 종종 치즈, 생선, 또는 소시지가 연기의 맛이 많이 주입되지만 열에 의해 조리되지는 않는다.

    대부분의 물고기와 치즈가 Cold smoked되었다. 집에서 Cold smoking한 치즈는 상대적으로 안전하다. 그러나 집에서 Cold smoking한 고기는 온도가 병원성 미생물의 성장에 이상적이기 때문에 위험하다.

    특히 보툴리누스균이 위험하다. 그리고 연기는 방부 특성을 가지고 있지만 제대로 Cold smoking을 하지 않으면 위험한 음식을 생산할 수 있다. 이 때문에 Cold smoking한 고기는 소금과 또는 정확한 양의 다른 방부제의 양으로 보존처리한다. 고기의 Cold smoking은 전문가에세 맡겨야 하고 집에서 시도하지 말아야 한다. 잘못할 경우 치명적 위험을 초래할 수도 있다.

- **Hot smoking**

  보통 130°F(54℃) 이상의 온도에서 수행된다. 이 온도에서 미생물이 사멸하지만 130°F(54℃)에서 음식의 저온살균은 두 시간 이상 걸릴 수 있다. 높은 온도에서는 훨씬 적은 시간이 걸린다.

- **Smoke roasting**

  일반적으로 194°F(90℃)~230°F(110℃)근방에서 수행되며 필요에 따라서 266°F(130℃)까지 이용할 수 있지만 최대 302°F(150℃)를 넘어가서는 안된다. 이 음식은 열에 의해서 요리되었기 때문에 이것이 끝나면 살아있는 유해한 미생물로부터 자유롭다.

  이 온도에서 많지 않은 수축이 일어난다. Smoke roasting은 백야드 스모커와 바비큐 장비에서 비교적 쉽게 수행할 수 있다. ribs, pulled pork, and briskets 같은 최고의 바비큐 대부분은 이 온도범위에서 요리된다.

- **Smoke ring. Smoke line**

  이것은 일반적으로 두께의 표면에서 약 1/8inch ~ 1/4inch 아래 고기의 밝은색 Pink ribbon을 말한다. 이것은 스모커의 가스가 연소할 때 화합물이 고기와 접촉해서 유동체가 핑크색으로 바뀐다.

  차콜쿠커들은 wood logs, chips, chunks, pellets과 water pan과 함께 스모크링을 생산할 때 특히 좋다. 물론 통나무와 나무가 타는 쿠커들이 좋은 스모크링을 만든다. 전기스모커는 스모크링을 만들지 못한다. Pink shade.

- **Sop**

  몹과 같은 개념으로 이해할 수 있다.

- **Sour**

  신맛은 다섯 가지 기본 맛 감각 중 하나, 달콤한, 쓴맛, 짠맛과 감칠맛과 다른 맛으로 신감귤 주스, 식초, 드라이한 화이트 와인과 같은 산에 의한 감각이다. 종종 쓴맛과 혼동한다. 이것은 선명한 맛이다. 그러나 분명히 다른 차별된 입맛이고 다른 화합물에 의해 발생한다.

- **Spatchcock**

  즉석(닭)요리는 원래 수탉을 의미하는 그것은 평평하거나 닭을 펴서 사용했다. 오늘날 모든 가금류에 적용될 수 있다. 당신은 단순히 등뼈를 따라 절단하고 닭을 평평하게 해서 즉석요리 할 수 있다.

  앞에서도 이야기 했듯이 가장 좋은 방법은 Backbone을 잘라내는 것이다. 어떤 요리사는 닭을 평탄한 곳에 뉘어놓고 가슴 사이에서 용골뼈를 제거한다. 일부는 drumsticks을 유지하고 같은 이유에서 주위에서 하는 일 없는 날개를 접어 허벅지에 꽂아 실행한다. 뜨거운 cast iron griddles이나 frying pans 그릴위에서 요리를 한다.

- **Spices**

  스파이스는 건조씨앗(dried seeds), 껍질(barks), 열매(berries), 열매껍질(pods), 뿌리(roots)를 건조해서 만든 보통 갈색 분말. 활성 성분은 일반적으로 분말의 오일이다.

- **Spit barbecue or spit roasting**

  rotisserie를 참고한다.

- **Spritzing**

  물뿌리기로 이 일은 물, 주스, 맥주의 안개를 고기에 분사하는 것을 이르는 말로 어떤 pitmaster는 그 액체를 마시는 경우도 있다. 그것은 고기를 냉각하고 요리을 느리게 하고 증발을 막아 고기의 수분을 유지하는데 도움이 된다.(뿌리는 악세서리를 Spray라 한다.)

- Stall   멈춤은 낮고 느리게 고기의 큰덩이를 요리할 때 고기가 약 150°F(66℃) ~ 165°F(74℃)에 다다랐을 때 그것은 종종 멈출 수 있고, 표면이 마르고 지각을 형성할 때까지 수 시간동안 꿈쩍도 하지 않는다.

    실제 멈춘 온도는 cooker나 cooker내부 습도에 따라 달라질 수 있다. Pitmaster들은 종종 포일에 고기를 wrapping하거나 더 높은 온도에서 요리하면서 멈춰서 잠간의 휴식을 취할 수 있다. 그래서 증발은 느려지고 고기요리를 계속할 수 있다. 이 wrapping을 Texas Crutch라고 불렀다.

- Steaming   김 또는 찜은 음식은 끓는 물 위의 채반 같은 닫힌 용기에 배치된다. 증기는 음식에 응축된다. 이것은 빠르고, 부드럽고, 보습에 매우 효과적인 방법이다.

- Sterilization   살균은 열이나 방사선 조사, 화학 물질, 압력, 또는 여과중 하나 이상을 사용해서 그들의 포자와 모든 미생물을 제거하거나 죽이는 방법이다. 이는 안전한 수준으로 개체를 줄이기 위해 열을 이용하는 저온살균과는 다르다.

- Stewing   물은 보통 180°F(82℃)와 200°F(93℃)사이의 작은 거품을 만드는데 이 온도에서 물을 기본으로 하는 액체요리다. Stewing은 보통 과정을 느리게 요리한다. Stewed meats는 sautéing or broiling에 의해 첫 번째 맛이 더해지고 그들은 찐 고기보다 작고 보통 갈색이 된다. 이러한 방법은 느린 쿠커 속이나 열 원위의 솥 안에서 수행될 수 있다. 액체는 일반적으로 Stock, 와인, 야채, 허브 등의 맛이다.

- Stir frying

튀김을 젓다. sautéing와 비슷하다. 그러나 이 요리는 Wok이라 부르는 굽은 Pan에서 요리된다. Wok의 바닥은 강하게 뜨겁고 Wok의 측면은 차갑다. 숙련된 요리사는 sear and steam에서 Wok을 능란하게 다룰 수 있다.

- Suet

소나 양의 지방으로 일반적으로 피부 바로 아래의 피하층에서 얻는 딱딱한 쇠고기 지방으로 그것은 종종 햄버거나 소시지에 사용하기 위해 분쇄된다. 용융 응고 시켰을 때 우지 불린다.

- Surface frying

표면 튀김이라는 것은 뜨거운 금속 표면에서 얇은 오일층으로 튀김을 하는 것으로 sautéing과 많이 비슷한 것 같지만 일반적으로 griddle위에서 한다. 식당의 햄버거가 좋은 예이다.

- Sweating

땀 나는 이라는 것은
(1) sautéing 같지만 훨씬 낮은 온도. 음식은 충분한 지방이나 기름과 함께 pot나 pan 안에 배치되었지만 수분이 흐르고 풀이 죽어 부드러워질 때까지 낮은 온도에서 요리된다.
(2) 어떤 backyard cook은 음식이 타지 않도록 확실하게 만들고 그의 뜨거운 그릴 주면에 서 있는다.
(3) 어떤 경기 요리사는 그들이 승자의 이름으로 호출될 때 흘린다.

- Sweet

단맛으로 다섯 가지 기본 맛 감각 중 하나다. 신맛, 쓴맛, 짠맛과 감칠맛과 다른 맛이다. 다양한 형태와 설탕과 그 대용품안의 맛으로 인한 것일 수도 있다. 단 맛이 무조건 나쁘다는 생각은 바비큐어의 운신의 폭을 좁힐 수 있다. 재료에 대한 확실한 과학적 근거 없이 그것을 기피하는 것은 옳지 않다.

- Tallow

동물기름으로 소(beef)나 양(lamb)의 지방을 녹여서 변형된 모양으로 응고시킨 것으로 이것은 제빵과 튀김에 사용된다.

- Tandoor

탄두르는 인도등 중앙아시아에서 사용하는 오리지널 점토오븐이다. 그것은 석탄(Coal)을 연료로 사용한다. 고기를 넣은 다음 밀폐한다. 현대식 탄두르는 일본의 Kamado나 미국의 Big green egg와 비슷하다.

- Texas crutch

텍사스 목발이라고 하는데 고기에 가벼운 증기를 소스 등 일부 액체와 함께 Ribs를 foil에 wrapping 해서 조리하는 기술이다. 고기를 빠르게 요리하면서 연하게 할 수 있다.

- Thermopen

예술의 경지에 이른 매우 정확하고 즉석에서 읽을 수 있는 디지털 온도계. Barbecuer들에게는 필수적이고 매우 중요한 장비다.

- Thermostat

온도조절장치는 버너와 떨어져 스위치를 켜서 cooker와 열을 조절하는 온도 측정 장치다. 산소 또는 숯불의 흐름을 제어한다.

- Tinder

부싯깃을 이야기 한다. Wood fire를 시작할 때 사용하는 얇은 솔방울, 솔잎 등 연필크기의 작은 마른 나뭇가지를 이른다.

- Toss

던져 올린다는 뜻으로 pan or bowl 안에서 스푼과

	집게로 또는 Salad fork로 흔들어서 음식의 덩어리를 잘 섞는 것을 말한다. 종종 덩어리는 spices, oil, dressing, 또는 sauce에 던져서 그것들을 코팅한다.
• **Toothpack**	음식의 씹힘성에 대한 기술용어다.
• **Turn in**	제출은 경기중인 요리사가 자신의 Entry 조각을 심판 영역의 밖 테이블에 배치하는 시간이다. 1분이라도 늦으면 당신은 행운 밖으로 밀려난다.
• **Umami**	감칠 맛는 다섯가지 단맛, 신맛, 쓴맛, 짠 기본 맛 감각 중 다른 하나다. Umami는 glutamates라는 아미노산에 의해 발생하고 깊고 풍부하고 따뜻한, 복잡한, 그리고 고기로 가장 잘 설명된다. 그것은 갈색고기, 간장, sautéd 버섯, 말린 육류, 잘 익은 토마토와 파마산 치즈로 대표되며 감칠맛이 풍부 식품이다.
• **Vegetarian**	어떤 동물의 고기를 먹지 않는다. 하지만 아마도 유제품과 계란은 먹을 수 있다.
• **Virgin olive oil**	Virgin Olive Oil은 단지 압력에 의해 잘 익은 올리브로부터 화학제품의 도움 없이 보통 2% 미만의 산성으로 추출한다. 이것은 일반적으로 믿는 free run oil은 아니다.
• **Water smokers**	Water smokers는 열원 가까이에 Water pan을 가지고 있다. 물이 열을 흡수하고 온도가 내려가고 쿠킹 영역에서 꾸준히 수분이 증발하고 고기가 마르는 것을 방지하고 돕는다. 일부 습도를 유지하고 지킬 수 있다. 대부분의 bullet

smokers는 또한 Water smoker다. 그래서 Water pan은 기름받이 역할도 한다. The Weber Smokey Mountain은 가장 인기 있는 최고의 유형이다.

- **Wet-aged beef**

  습식 숙성 쇠고기는 이 과정은 진공 밀폐된 백에서 일반적으로 28일 동안 쇠고기를 숙성한다. 이 과정은 드라이 숙성하고는 다르다. 왜냐하면 고기는 수축되지 않고 밀봉되어 유지되기 때문이다. 그러나 효소 활성화가 약간의 질감과 맛을 바꾼다. 하지만 건조숙성과 근본적으로 같지 않다.

- **Wet-cured ham (a.k.a. city ham.)**

  습식경화햄은 일명 도시햄 이것은 미국에서 가장 인기 있는 햄이다. 그것은 고기를 주사나 절임으로 스며들게 해 절이거나 덮어서 보존처리한다. 때대로 습식경화햄은 "ready to eat"라는 꼬리표를 붙이고 요리된다. 때로는 "cook before eating"로 조리하지 않고 판매된다.

- **Wet brine**

  수염이나 액염을 이야기 한다. 염수용액은 보통 소금을 물이나 주스에 6% 정도로 희석한다. 음식은 소금과 물 용액에 빠져 맛을 향상시키기 위해 고기 속으로 빨아들여 물을 보유한다. 반대는 Dry brine이다.

- **Wet rub**

  습식 Rub은 이 spices and herbs의 혼합은 오일이나 물 또는 paste라고 불리는 두 가지 모두를 함께 섞었다. 이 용액은 큰 조각과 작은 조각을 만들어 용해를 돕는다. 그래서 그들은 음식의 표면에 더 잘 달라 붙는다. (Dry rub의 반대다. 이것은 단지 스파이스와 허브다.)

- **Whisked**

  휘젓다는 뜻으로 충분히 혼합된 액체로 이것은 덩어리가 아니며 모든 것이 용해된다. Whisking은 철사로 만들고 강한 곡조모양의 풍선처럼 보이는 balloon whisk로 최고로 만든다. 이 철사로 짠 것은 공기를 혼합하고 재료를 섞는데 매우 좋다. 소스는 보통 오믈릿을 만들기 위해 계란도 whisked 한다.

- **Wine**

  포도주는 일반적으로 포도같은 과일 발효 주스다. 그것은 과일의 본질을 포함한다. 흙, 태양의 뚜렷한 변화를 통해 만들어 지는 이 하나의 사소한 것이 지구상에서 변화하는 복잡한 생각을 자극하고, 대화를 감동시키고, 사랑을 강화하고, 우정을 굳히는 가장 흥미로운 음료인 와인의 맛을 만든다. 그것은 바비큐와 잘 어울리는 훌륭한 바비큐소스를 만든다.

- **Worcestershire sauce**

  우스터셔 소스는 미국에서 우리는 WOO-stih-sheer라고 발음하고 말한다. 하지만 영국 우스터셔 마을에서 그들은 WUH-ster로 발음한다. 스테이크소스와 마찬가지로 나는 더 나은 것을 좋아한다. 우스터셔 소스는 조화롭다. 그것은 재료목록과 맛에서 많은 변화를 가지고 있다. Lea & Perrins는 그런 좋은 이유로 가장 인기가 있다.

  그것은 맛이 좋다. Lea & Perrins는 vinegar, molasses, corn syrup, anchovies, onions, salt, garlic, tamarind, cloves, chili pepper, 그리고 더 많은 것들의 혼합이다. 그것은 진정 소스에 깊이와 요령을 첨가한다.

  The Lea & Perrins website에 따르면 1835년, a Lord Sandys는 Bengal에서 집으로 돌아왔다. 여기서 그는 흥미로운 소스의 맛을 가지고 있었다. 그는 John

Lea와 William Perrins 에게 갔다. 그는 약국의 소유자 였고 그들은 소스를 복제하기 위해 노력했다. 그것은 끔찍했다. 그들은 지하실에서 먼지만 뒤집어 쓰고 떠났다. 그리고, 몇 년 후 그들은 그 항아리를 우연히 발견했다. 그들은 다시 한번 소스를 맛봤고 그들은 놀랐다. 그 혼합물은 가장 맛좋은 소스로 숙성되었던 것이다. 곧 그들은 병입하고 판매했다. 나머지는 그들이 말하는 대로 역사가 되었다.

- **Wood chunks, chips, pellets, bisquettes, logs, and sawdust**

  원래 모든 바비큐는 연료원으로 통나무를 사용했었다. 통나무에서 나는 나무연기는 독특한 냄새를 부여하면서 고기에 맛을 더한다. 그것은 바비큐의 본질이다. 오늘날, 대부분의 바비큐는 charcoal, gas, 또는 전기를 사용해 chips, chunks, bisquettes, logs, and sawdust의 측정된 양의 훈연데 첨가에 의해 연기의 맛을 얻는다. 각각 장단점을 가지고 있다.

- **WSM**

  Weber Smokey Mountain.은 가장 인기있고 매우 효과적인 총알형 워터스모커다.

- **Xanthan gum**

  산탄검은 사탕수수에서 추출한 천연성분의 점증제이다. 이 첨가제는 매우적은 양의 사용으로 액체를 진하게 하고 특히 샐러드에서 분리되는 것을 방지한다. 그것은 샐러드 드레싱에 집착하는 것을 돕는다. 그것은 때때로 화합물에서 발견해 핏마스터에 의해 고기에 주사되는데 사용되었다.

  그것은 그 성분중 하나다. 레이블에서 그것을 볼 때 사람들은 별로 좋아하지 않는다. 그러나 그것은 박테리아에 의해 만들어 진 Xanthomonas campestris라는 천연물질이고 그런 다음 분말로 건조시킨 것이다.

- **Xavier steak** 자비에르 스테이크는 스테이크에 아스파라거스와 녹은 스위스 치즈를 얹는다.

- **Yakiniku** Gridiron에 작은 고기와 야채를 굽는 일본의 전통적인 방법이다.

- **Yard bird. Chicken** 기술적으로 방목한 닭을 이야기 한다. 그러나 실제로는 오래된 닭일 수 있다.

- **Zest** 강한 풍미로 많은 조리법은 감귤류의 풍미를 그렇게 부른다. Zest는 껍질의 밝은 색상의 얇은 외부 층이다. 그것은 향과 아로마 오일을 가득 싣고 있다. 그래서 향미제 등의 요리에 사용된다. 그것은 종종 케이크로 구운 제품에서 발견된다. Zester나 microplane 또는 peeler로 제거하고 속 부분의 흰색 속은 사용하지 않고 풍미를 살린다.

- **Zinfandel** 붉은 포도주로 흑포도로 담은 캘리포니아산 적포도주다. 이 인기 있는 와인은 그릴과 바비큐 음식에 동행한다.

- **Zymurgy** 양조학으로 발효 화학이다. 발효 공정의 화학 연구다, 특히 양조에서 알코올 음료의 제조시 발효를 응용하는 과학을 말한다.

나. 각종 향신료

향신료(Spice 보통 영어로는 스파이스라고 불리지만 여기서는 이론적 기준보다 실제적 이용을 위해 편의상 향이 나는 재료를 모두 포함해 지칭하고 허브(Herb)와 스파이스(Spice)로 나누기로 한다.

- **Spice** : 향, 맛, 색깔에 영향을 주는 식물의 뿌리, 줄기, 씨앗, 열매, 꽃, 껍질 등을 통틀어 이르는 말이다.
- **Herb** : 방향성 식물의 잎을 그대로 사용하거나 말려서 사용한다.

(1) 허브(Herb) 위키피디아

요리 사용은 일반적으로 씨앗들을 포함한, 열매, 나무 껍질, 뿌리와 과일 등 식물 (보통 건조)의 다른 부분에서 생산된, "Spice"에서, 식물의 잎이 많은 녹색 부분(신선한 것 또는 말린 것 중)을 참조로 Herb를 구별했다.

식물 영어단어 "Herb"는 또한 "herbaceous plant(초본식물)"의 동의어로 사용되었다. Herbs는 요리, 의약을 포함한 다양한 용도를 가지고 있고 어떤 경우에는 영적 용도도 있었다.

"Herbs"라는 용어의 일반적인 사용은 요리용 허브와 약용 허브로 나뉠 수 있다. 의약 또는 영적인 사용에서는 식물의 모든 부분은 "Herb"로 간주 될 수 있다, 잎, 뿌리, 꽃, 씨앗, 수지, 뿌리 껍질, 내부 껍질(과 형성층), 열매 및 때때로 과피 또는 식물의 다른 부분을 포함해서 말이다.

(2) 허브의 종류와 용도

- **월계수잎** Bay Leaf   피클, 고기, 스튜, 소스, 스프, 생선요리에 주로 사용

- **오레가노** Oregano   주로 이탈리아나 멕시코에서 사용, 피자, 스튜에 주로 사용

- 바질 Basil   토마토 음식에 많이 사용, 스튜, 스프, 각종 소스에 주로 사용

- 파슬리 Parsley   후레쉬와 말린 것 모두 사용, 음식 장식용으로 주로 사용

- 마조람 Marjoram   육류, 어류, 조류, 계란, 치즈, 채소, 소시지. 양고기등에 주로사용

- 민트 Mint   과자, 음료, 아이스크림, 스프, 스튜, 고기, 생선, 양고기 등에 주로 사용

- 로즈마리 Rosemary   양고기, 닭고기, 돼지고기, 쇠고기, 스프, 스튜 등에 주로 사용

- 세이지 Sage   소시지, 드레싱, 가금류, 돼지고기 등에 주로 사용

- 호스레디쉬 Horseradish 크림, 화이트소스, 쇠고기, 생선(연어)소스로 주로 사용

- 타임 Thyme   가금류, 생선소스, 토마토 음식, 스프 등에 주로 사용

- 타라곤 Tarragon   육류, 계란, 토마토요리, 소스, 샐러드, 돼지고기등에 주로 사용

- 차빌 Chervil   생선요리

- 딜 Dill   생선, 조개요리

- 차이브 Chive   샐러드, 수프, 드레싱, 장식용

- 히솝 Hyssop   샐러드, 수프, 라구, 과일 요리,

- 차이브 Chive   샐러드나 수프 등의 향신료로 오믈렛, 크로켓, 푸딩, 육류 및 생선 요리

- 코리안더 Coriander   육류나 육가공품, 생선, 알, 콩류 요리나 스프, 피클, 비스킷, 카스텔라, 쿠키, 빵, 케이크

- 큐민 Cumin   육류요리, 수프, 치즈, 소시지, 피클, 파이, 계란, 카레 요리, 특히 양고기

- 셀러리 Celery   샐러드, 수프, 주스 등 다양하게 사용

- 펜넬 Fennel   보리빵, 수프, 생선

- 레몬타임 Lemon thyme   생선, 해산물

- 윈터 세이보리 Winter savory   수프, 샐러드, 스튜, 육류, 생선, 계란, 소스, 콩, 소시지, 양고기

- 세이보리 Savory   수프, 샐러드, 소시지, 생선요리, 육류요리

- 보리지 Borage   샐러드, 생선요리, 육류요리

- 로케트 Roquette   샐러드, 소스
  - 러비지(Lovage) : 소스, 스튜, 수프, 토마토 주스
  - 라벤더(Lavender) : 차, 육류
  - 사프란(Saffron) : 소스 및 빵, 버터, 치즈, 비스킷, 생선요리, 스페인 빠에야 사용
  - 카모마일(Chamomile) : 차, 디저트
  - 애플민트(Apple mint) : 캔디, 디저트, 생선요리, 양고기

(3) 스파이스(Spice) 위키피디아

말린 씨앗, 열매, 꽃, 뿌리, 껍질이거나 식물성 물질로 주로 향미제나 착색, 음식을 보존하는데 사용되었다. 때로는 다른 맛을 숨기는데 사용되었다.
스파이스는 향미 또는 장식을 위해 잎이 많은 녹색식물인 허브와는 구별 되어진다.
많은 Spice는 항균특성을 가진다. 이런 이유로 Spice를 설명하는 이유는 더 많은 감염성 질환이 있는 더운 기후에서 더 일반적으로 사용되었다.
Spice는 의약을 포함하여 종교의식, 향수나 화장품제조 또는 채소등 다른 용도로 사용할 수 있다. 예를 들어 터메릭의 뿌리는 야채와 항생제인 마늘로 사용되었다.

(4) 스파이스의 종류

마늘 / 생강 / 고추 / 후추 혹은 페퍼 / 바질 / 로즈마리 / 오레가노 / 타임 / 딜 / 타라건 / 카르다몸 (Cardamom) / 페누그릭 / 올스파이스 / 알피니아 / 월도 / 강황 혹은 터머릭 / 육두구 혹은 넛맥 / 정향 혹은 크로브 / 오향분 / 중국) / 계피 (한국, 중국) / 고수 또는 향채(香菜, Coriander) /

(5) 기타 양념

(1) 샐러드유(야채기름), 식용유, 참기름, 간장, 쯔유, 식초(요리용, 샐러드용) 등이 있다.
(2) 고추가루, 설탕, 고추장, 된장, 참깨, 버터, 마요네즈, 케찹 등이 있다.
(3) 파, 마늘, 양파, 당근, 샐러리, 생강 등 각종 부재료 및 양념 등이 있다.

다. 바비큐 재료

(1) 수조육류
: 쇠고기, 돼지고기, 닭고기, 양고기 등 식용가능한 모든 고기류 등이 있다.

2) 채소류
: 피망, 파프리카, 마늘, 양파, 호박, 가지, 감자, 고구마, 옥수수 등 식용가능한 모든 채소류 등이 있다.

3) 과일류
: 사과, 파인애플, 귤, 오렌지 등 식용가능한 모든 과일류 등이 있다.

- 기타 사람이 취식할 수 있는 모든 재료가 바비큐 재료가 된다.

숙성·소시지·바비큐
고기실무전

초판 1쇄 발행 2019년 11월 19일
지은이 | 유인신·임성천·차영기·김재민
펴낸이 | 하광옥
기 획 | 김재민
편 집 | 조혜정
인 쇄 | 금강인쇄(주)
펴낸곳 | 팜커뮤니케이션(협동조합 농장과 식탁)
출판등록 제 2018-000122호(2015. 7. 3)
주 소 | 서울특별시 서초구 서초대로 64길 55, 201호
(서초동, 준원빌딩)
Tel. 편집부 070.5101.6741
영업부 070.5101.6740
Fax. 070.8240.7007
e-mail. farmtable5@faeri.kr

ⓒ유인신·임성천·차영기·김재민 2019,
Printed in Korea
ISBN 979-11-968568-0-9

- 책값은 뒤표지에 있습니다.
- 잘못된 책은 구입처에서 바꾸어드립니다.
- 이 책은 저작권법에 따라 보호받는 저작물이므로 무단전재와 무단복사를 금지하며 이 책 내용의 전부 또는 일부를 이용하려면 반드시 팜커뮤니케이션의 서면 동의를 받아야 합니다.